广联达BIM系列实训教程

建筑识图与BIM建模实训教程

杨文生　王全杰　主编

化学工业出版社

·北京·

本书以一个完整的工程案例为课程主体，从识图和建模两个模块展开，以任务为导向，以"任务—任务分析—任务实施—任务结果—知识链接"作为本书的贯穿主线。借助BIM建模教学软件，让学生和教师在完成识图任务和三维建模的过程中来学习建筑构造，从而让学生掌握建筑构造识图能力。

　　本书的学习要配合《BIM实训中心建筑施工图》使用，针对建筑相关专业基础工程识图与构造课程学习进行使用，适用于初步接触建筑专业的学生及建筑类从业人员。

图书在版编目(CIP)数据

建筑识图与BIM建模实训教程/杨文生，王全杰主编．
北京：化学工业出版社，2015.5（2023.1重印）
广联达BIM系列实训教程
ISBN 978-7-122-23494-0

Ⅰ.①建…　Ⅱ.①杨…②王…　Ⅲ.①建筑制图-识别-
高等职业教育-教材②建筑制图-计算机制图-应用软件-高
等职业教育-教材　Ⅳ.①TU204②TU201.4

中国版本图书馆CIP数据核字（2015）第066415号

责任编辑：吕佳丽　　　　　　　　　　　　　　装帧设计：张　辉
责任校对：陶燕华

出版发行：化学工业出版社（北京市东城区青年湖南街13号　邮政编码100011）
印　　装：北京科印技术咨询服务有限公司数码印刷分部
787mm×1092mm　1/16　印张9¼　字数219千字　2023年1月北京第1版第6次印刷

购书咨询：010-64518888　　　　　　　　售后服务：010-64518899
网　　址：http://www.cip.com.cn
凡购买本书，如有缺损质量问题，本社销售中心负责调换。

定　　价：29.00元　　　　　　　　　　　　　版权所有　违者必究

编审委员会名单

主　任　赵　研　黑龙江建筑职业技术学院
副主编　赵　彬　重庆大学
　　　　　高　杨　广联达软件股份有限公司
　　　　　杨　勇　四川建筑职业技术学院
　　　　　李万渠　四川水利职业技术学院
委　员（按姓氏笔画排列）
　　　　　王军武　武汉理工大学
　　　　　王　岩　河南建筑职业技术学院
　　　　　王　铁　吉林电子信息职业技术学院
　　　　　冯　旭　杨凌职业技术学院
　　　　　刘　阳　沈阳城市建设学院
　　　　　刘继才　西南交通大学
　　　　　齐亚丽　吉林工程职业学院
　　　　　杜德权　西华大学
　　　　　李　瑞　河南建筑职业技术学院
　　　　　杨俊雄　云南工商学院
　　　　　吴承霞　河南建筑职业技术学院
　　　　　邹赂权　湖北工业大学
　　　　　张国强　云南经济管理学院
　　　　　张建平　昆明理工大学
　　　　　陈宜华　成都职业技术学院
　　　　　赵　妍　江苏城市职业学院
　　　　　赵春红　山东城市建设职业学院
　　　　　贺天柱　陕西工业职业技术学院
　　　　　贺翔鑫　广联达软件股份有限公司
　　　　　谈建智　江苏省淮安技师学院
　　　　　程晓慧　贵州省水利电力学校
　　　　　程　辉　贵州建设职业技术学院

编写人员名单

主　编　杨文生　北京交通职业技术学院

　　　　　王全杰　广联达软件股份有限公司

副主编　孙兆英　北京交通职业技术学院

　　　　　张翠红　新疆建筑职业技术学院

　　　　　赵庆辉　山东城市建设职业学院

　　　　　李　勇　黄淮学院

参　编（按姓氏笔画排列）

　　　　　汤　辉　北京交通职业技术学院

　　　　　王朝霞　山西建筑职业技术学院

　　　　　杨少松　江西建设职业技术学院

　　　　　吴小丽　江西应用科技学院

　　　　　汪　力　嘉兴市建筑工业学校

　　　　　张书华　三峡大学科技学院

　　　　　张建平　昆明理工大学

　　　　　徐桂明　常州工学院

　　　　　梁　华　广西财经学院

　　　　　廖菲菲　江西新余学院

前　言

随着我国经济的稳步发展，建筑业已成为当今最具有活力的一个行业，建筑工程队伍的规模也日益扩大，大批建筑从业人员迫切需要提高自身的专业素质和职业技能。在与建筑有关的许多专业知识和技能中，建筑工程图的识读能力是最为基础，也是最重要的。它不仅关系到设计表达是否能够准确了解，更关系到工程的质量、成本，因此我们必须充分重视建筑工程图识读能力的培养。无论是设计人员、施工人员还是工程管理人员，都必须拥有识读工程图的基本技能，这样既有助于施工的顺利进行，也有助于提高工程施工质量和施工效率。

基于信息化的 GMT 三维建模，建筑识图技能训练课程是当前在识图技能培养方面最先进的手段之一。针对建筑类专业在校学生来说，建筑构造识图课程是其他所有专业课程的基础课程。为了能够更高效地提高建筑类专业在校生及初入建筑行业从业人员的识图技能，改变过去识图只是了解图纸表达粗略内容，却没有能深入了解建筑构件尺寸之间的关系。经过多次教学实践与探索，我们发现利用信息化三维建模软件不仅能加深和加快学生识图技能的培养，同时不需要训练过程实体材料的消耗，减少了材料准备时间、建模时间，还改变了原来识图技能训练无法检验和重复训练的现状。

本课程基于"教、学、做一体化，任务导向，学生为中心"的课程理念符合现代职业能力的迁移理念。本课程以一个典型、完整的实际工程为项目，从识图和建模两个模块展开，以任务为导向，并将完成任务的过程按照"任务—任务分析—任务实施—任务结果—知识链接"作为本书的主线，借助 BIM 建模教学软件工具软件，让学生和教师在完成识图任务、三维建模的过程中学习建筑构造，从而提高学生建筑构造识图能力，全面提升专业基础技能。本课程的教学重点要求在指导教师的引导下，学生通过完成一个工程项目的识图和三维建模任务，从而完成二维建筑构造图纸的识读，并通过 GMT 教学工具软件完成三维建筑模型的构建。

本教材适用于初步接触建筑专业的学生及建筑类从业人员，可配合《BIM 实训中心建筑施工图》使用。

限于笔者能力有限，疏漏及不当之处在所难免，敬请广大读者批评指正，以便及时修订与完善。

欢迎各位读者加入实训教学公众号，我们会及时发布本套教程的最新资讯及相关软件的最新版本信息。用微信"扫一扫"关注实训教学公众号。教材使用过程中遇到的问题，可加入 QQ 群与作者进行问题反馈及经验分享交流。识图建模实训 QQ 群：285961506。

编者

2015 年 3 月

➔ 目 录

第一章

建筑施工图识读

通过本章训练，你将能够：

1. 根据图纸目录查阅建模所需信息的相关图纸的数量和编号；

2. 从建筑设计说明和结构设计说明查找建模所需的材料、构造等信息；

3. 从建筑工程施工图中查找轴网尺寸、建筑平面尺寸、建筑各位置的标高、层高及建筑总高度；

4. 查找建筑构造详图及施工做法；

5. 从结构施工图中查找建筑受力构件的平面位置、截面尺寸和数量。

第一节 分析建筑图纸构成

通过本小节学习，你将能够：

1. 根据图纸目录准确查阅相关建筑工程图纸的数量、编号；

2. 说出每张图纸反映建筑物的信息内容。

一、任务

（1）请说出本工程的建筑施工图是否齐全？图纸编排顺序如何？每张图纸能反映建筑物的哪些信息？

（2）请说出本工程结构施工图图纸是否齐全？图纸编排顺序如何？每张图纸能反映建筑物的哪些信息？

二、任务分析

（1）建筑工程施工图的图纸目录在哪张图上？图纸目录都包括哪些内容？建筑施工图、结构施工图的图纸编号有何规定？如何快速地将每张图纸和图纸能目录进行核对？每张图纸能反映建筑物的哪些信息？

（2）图纸的编排顺序有何规律？

三、任务实施

（1）建筑施工图的图纸目录一般在施工图的首页或在建筑设计说明中，图纸目录一般包括图纸编号、图名及图幅的大小。建筑施工图的图纸编号以"建施"开头，结构施工图的图纸编号以"结施"开头。

（2）首先查阅施工图的图纸目录，确定本工程的施工图共有几张，每张图纸的图名和图纸编号是什么；然后将图纸目录和每张施工图右下角处的图签对应，看有无缺漏和错误；最后仔细阅读每张图纸，看每张图纸反映建筑物的哪些信息。

（3）一幢房屋全套施工图按专业进行顺序编排，编排顺序一般应为：总平面图、建筑施工图、结构施工图、给水排水施工图、采暖通风施工图、电气施工图。建筑施工图包括建筑设计说明、建筑平面图、建筑立面图、建筑剖面图、建筑详图；结构施工图包括结构设计说明、基础施工图、柱、墙、梁、板施工图及楼梯雨篷等的施工详图。各专业的图纸，应该按图纸内容的主次关系、逻辑关系有序排列。一般是全局性图纸在前面，表明局部的图纸在后面。

四、任务结果

本工程建筑施工图共包括 12 张图纸，图纸名称以"建施"开头。

（1）查阅图纸目录可知：建施-01、建施-02 图名为建筑设计总说明。建施-03 图名为室内装修做法表和门窗表，是建筑总说明的补充。本工程的建筑设计总说明包括以下两部分内容。

① 文字部分　包括 15 项条款，对工程项目的编制依据及工程概况、设计标高、墙体工程、楼地面工程、屋面工程、门窗、消防、节能设计、装修工程、涂料工程、无障碍设计、建筑设备设施、注意事项等进行了详细的文字说明。

② 表格部分　包括门窗表、室内装修做法表。

（2）查阅图纸目录可知：建施-04～08 为建筑平面图，分别为地下室平面图、一层、二层、三层的建筑平面图和顶层平面图。各层的平面图主要反映房屋的轴线布置、平面形状、大小和房间布置，墙（或柱）的位置、厚度和材料，门窗的位置、开启方向。

（3）查阅图纸目录可知：建施-09、10 为建筑立面图。主要反映房屋各部位的高度、立面装修及构造做法，是作为明确门窗、阳台、雨篷、檐沟等的形状和位置及建筑外装修的主要依据。

（4）查阅图纸目录可知：建施-11 为建筑剖面图，建筑剖面图反映建筑物的竖向尺寸：包括楼层标高、建筑物总高度、层高、层数、各层层高、室内外高差等。

（5）查阅图纸目录可知：建施-12 为楼梯详图，主要反映楼梯开间、进深尺寸；梯段、楼梯井和休息平台的平面形式、尺寸；踏步的宽度和踏步的数量；楼梯间墙、柱、门窗平面位置及尺寸。

本工程结构施工图共包括 20 张图纸，图纸名称以"结施"开头。

（1）查阅图纸目录，结施-01 为基础设计总说明和结构施工图图纸目录。基础设计说明对基础的材料、形式、选用图集、施工技术的要求进行了详细的说明。

（2）查阅图纸目录，结施-02～04 为结构设计总说明。本工程的结构设计说明主要说明工程的工程概况、设计依据、结构构件的材料、抗震构造措施、对受力构件的补充说明、构件的构造详图。

（3）查阅图纸目录，结施-05 为基础平面布置图，基础平面图反映基础的类型、基础平面尺寸、基础底板的配筋。

（4）查阅图纸目录，结施-06～09 为剪力墙、柱的平法施工图。剪力墙柱的平法施工图共包括 4 张，结施-06、07 为基础顶至－0.03m 的高度范围内墙柱的平面布置及配筋列表；结施-08、09 为－0.03～9.9m 范围内的墙柱的平面布置及配筋列表。

（5）结施-10～13 分别为结构标高为－0.030m、3.270m、6.570m、9.900m 位置处梁的平法施工图，图纸内容包括梁的平面布置和每根梁的截面尺寸及配筋信息。

（6）结施-14～17 为结构标高为－0.030m、3.270m、6.570m、9.900m 板的配筋图，图纸内容包括板的厚度和板的配筋信息。

（7）结施-18 为楼梯的配筋图，图纸内容包括楼梯梯段板、平台梁、平台板的截面尺寸和配筋信息。

（8）结施-19、20 为 GYP1、GYP2（雨篷）施工详图。

五、知识链接：建筑施工图概述

1. 房屋建筑工程图的分类

房屋建筑过程一般分为决策阶段、设计阶段、准备阶段、实施阶段和竣工验收五个阶段。建设过程中各阶段的任务要求不同，所需的图纸表达的内容、深度和方式也有差别。

根据不同建设阶段的不同要求，建筑工程图分为方案设计图、建筑工程施工图和建筑工程竣工图。

（1）方案设计图 方案设计图是在建设的决策阶段为征询建设单位的意见和供有关主管部门审批设计的图纸，也称为房屋初步设计图。方案设计图一般通过简略的房屋平面图、立面图和剖面图等反映房屋建筑的概貌和设计意图。

（2）建筑工程施工图 建筑工程施工图是方案设计图经过审批之后，设计人员从满足施工的角度出发，将工程建设方案进一步具体化、明确化，通过详细的计算和设计，绘制出正确、完整的用于指导施工、编制施工图预算的完整翔实的图纸。本书主要讲述建筑工程施工图的识读。

（3）建筑工程竣工图 建筑工程在施工过程中往往会碰到工程地质、技术资料、使用功能发生变化的情况，建筑工程竣工图是建设工程在施工过程中根据施工现场的各种真实施工记录和指令性技术文件对建筑工程施工图进行修改或重新绘制的与工程实体相符的图纸，能真实准确地反映建筑工程的实体现状，为建筑工程的维修、改扩建、规划利用提供资料。

2. 建筑工程施工图的组成及特点

（1）建筑施工图的内容 建筑工程施工图按其内容和专业分工不同分为：总图、建筑施工图、结构施工图、设备施工图等。

① 建筑施工图 建筑施工图主要表明建筑物的总体布局、外部造型、内部布置、细部构造、内外装饰等情况。建筑施工图用来作为施工定位放线、内外装饰做法的依据，也是结构、水、电、暖通施工图的依据。

② 结构施工图 主要表达房屋的结构类型，梁、板、柱（墙）等各构件布置，构件的

材料、截面尺寸、配筋，以及构件间的连接、构造要求，是施工放线、挖槽、支模板、绑扎钢筋、浇筑混凝土、安装梁板柱等构件、编制预决算和施工组织设计的依据，是监理单位工程质量检查与验收的依据。

③ 设备施工图　设备施工图是表明建筑工程各专业设备、管道及埋线的布置和安装要求的图样。它包括给水排水施工图（简称水施）、采暖通风施工图（简称暖施）、电气施工图（简称电施）等。

（2）房屋建筑施工图的特点

① 施工图中的各图样，主要是根据正投影法绘制的，所绘图样都应符合正投影的投影规律。

② 施工图应根据形体的大小，采用不同的比例绘制。

③ 由于房屋建筑工程的构配件和材料种类繁多，为作图简便起见，国家标准规定了一系列的图例符号和代号来代表建筑构配件、卫生设备、建筑材料等。

④ 施工图中的尺寸，除标高和总平面图以米为单位外，一般施工图中必须以毫米为单位，在尺寸数字后面不必标注尺寸单位。

3. 施工图的识读要领

（1）阅读施工图的准备　阅读施工图之前要具备投影知识，掌握形体的表达方法。

（2）识图的一般方法　应是采取"总体了解，由外向里看，由大到小看，由粗到细看"的识图方法。

（3）识图的步骤

① 先把图纸目录看一遍，检查各类图纸是否齐全，图纸编号和图名是否相符合。

② 接下来看设计总说明，了解建筑工程的建设地点、工程类型、建筑面积、建设单位、设计单位等工程概况。观察施工图采用了哪些配套的建筑图集，明确建筑图集的编号和编制单位，然后把所需要的建筑图集准备好，以便随时结合图纸进行查阅。

③ 然后看建筑总平面图，了解建筑物的地理位置、高程、坐标、朝向及与周围环境的关系。

④ 接下来看建筑施工图，先识读建筑平面图，了解建筑的长度、宽度、轴线尺寸、功能布局；然后识读建筑剖面图和立面图，对建筑的高度、层高、立面做法等做大致了解。

⑤ 每张图经过全面初步阅读之后，按照施工顺序一步一步深入阅读结构施工图。先阅读基础施工图，从基础的平面图和剖面图中了解基坑的挖土深度、基础的构造形式和细部尺寸等。接下来阅读主体结构施工图，识读受力构件的尺寸、平面位置、标高、配筋等信息及节点的详细构造。

⑥ 主体结构施工图读完之后，按施工顺序阅读二次结构的信息，包括墙体的材料、位置、厚度与主体结构的连接方式；过梁、圈梁、构造柱的位置、截面尺寸和配筋；门窗洞口的尺寸、门窗的形式、数量；然后阅读工程的内外装修做法。

思考与练习

1. 建筑工程的建筑施工图和结构施工图分别表达建筑物的哪些信息？二者有什么关系？

2. 请观察一层建筑平面图和二层建筑平面图的表达内容有哪些区别？

3. 建筑剖面图一般选择在建筑物的哪些部位进行剖切？剖切位置和符号如何表示？

4. 请说出本工程中有哪些建筑详图？

第二节 识读建筑工程概况

通过本小节训练，你将能够：
从图纸中找到建筑工程各项基本信息。

一、任务

仔细阅读 BIM 实训中心工程施工图，填写建立三维建筑模型所需的工程概况信息，见表 1.1。

表 1.1 工程概况信息

属 性 名 称	属 性 值
工程名称	
建设地点	
结构类型	
建筑面积	
基础形式	
地上层数	
地下层数	
每层层高	
总高度	
室内外高差	

二、任务分析

（1）工程的名称、建设地点在哪张图纸中查找？什么是建筑物的结构类型？建筑面积指的是总建筑面积还是基底占地面积？

（2）建筑物的层数、檐口高度如何查找？室内外高差在哪张图纸中查找？

（3）常见基础的类型有哪些？本工程的基础信息如何查找？

三、任务实施

工程信息的输入是模型建立的第一步，工程的名称可以查找图纸的标题栏（图纸的右下角）；建设地点、结构类型、建筑面积等信息可以从建筑设计总说明建施-01 中查找，建施-01 共包括 10 项内容，其中的第 2 项为建筑物的工程概况，内容包括工程的建设地点、建设单位、结构类型、抗震设防烈度、建筑等级、层数、层高、檐口高度、室内外高差。

温馨提示：这里需要指出的是软件中输入的工程信息中的建筑面积指的是总建筑面积；檐口高度指的是室外地坪至顶层结构层的高度。

建筑物的地上、地下层数、檐口高度、室内外高差等信息反映建筑物的竖向尺寸，这些信息可以从建筑设计说明建施-01中第2项工程概况中查找，也可以从建筑剖面图建施-11中查找。

工程信息输入时还需输入基础的信息，基础属于建筑结构受力构件，基础的信息需要查找结构施工图。结构施工图中包含基础信息的图纸有2张：结施-01基础设计总说明和结施-05基础平面布置图。查阅基础设计总说明（结施-01）第1条可知基础的形式。

四、任务结果

BIM实训中心工程概况见表1.2。

表1.2　BIM实训中心工程概况

属性名称	属性值
工程名称	BIM实训中心工程
建设地点	河南省郑州市金水区
结构类型	框架剪力墙结构
建筑面积	1537.6m²
基础形式	筏板基础
地上层数	3
地下层数	1
每层层高	3300mm
总高度	10.35m
室内外高差	0.45m

五、知识链接：建筑设计总说明的主要内容

建筑设计总说明是对建筑施工图纸的补充，表达的内容带有全局性，反映工程的总体要求。建筑设计总说明的内容必须逐条认真阅读。建筑施工图设计说明主要包括以下内容。

（1）施工图设计的依据性文件、批文和相关规范。

（2）项目概况　内容一般应包括建筑名称、建设地点、建设单位、建筑面积、建筑基底面积、建筑工程等级、设计使用年限、建筑层数和建筑高度、防火设计、建筑分类和耐火等级、人防工程防护等级、屋面防水等级、地下室防水等级、抗震设防烈度等，以及能反映建筑规模的主要技术经济指标，如住宅的套型和套数（包括每套的建筑面积、使用面积、阳台建筑面积，房间的使用面积可在平面图中标注），旅馆的客房间数和床位数，医院的门诊人次和住院部的床位数、车库的停车泊位数等。

（3）设计标高　工程的相对标高与总图绝对标高的关系。

（4）室内外装修做法

① 墙体、墙身防潮层、地下室防水、屋面、外墙面、勒脚、散水、台阶、坡道、油漆、涂料等的材料和做法，可用文字说明或部分文字说明，部分直接在图上引注或加注

索引号。

②　室内装修部分除用文字说明以外亦可用表格形式表达，在表上填写相应的做法或代号；较复杂或较高级的民用建筑应另行委托室内装修设计；凡属二次装修的部分，可不列装修做法表和进行室内施工图设计，但对原建筑设计、结构和设备设计有较大改动时，应征得原设计单位和设计人员的同意。

（5）对采用新技术、新材料的作法说明及对特殊建筑造型和必要的建筑构造的说明。

（6）门窗表及门窗性能、用料、颜色、玻璃、五金件等的设计要求。

（7）幕墙工程（包括玻璃、金属、石材等）及特殊的屋面工程（包括金属、玻璃、膜结构等）的性能及制作要求，平面图、预埋件安装图等及防火、安全、隔声构造。

（8）电梯（自动扶梯）选择及性能说明（功能、载重量、速度、停站数、提升高度等）。

（9）墙体及楼板预留孔洞需封堵时的封堵方式说明。

（10）其他需要说明的问题。

思考与练习

1. 仔细阅读 BIM 实训中心工程的建筑设计总说明，请说明本工程的建筑设计总说明共包含几部分内容？

2. 请说出本工程的防火分区是如何划分的？

3. 请说出本工程节能设计依据，本工程外墙保温采用什么措施？

第三节　识读轴网信息

通过本小节训练，你将能够：

1. 分析各层平面图中轴线与主要构件之间的关系；

2. 确定该工程全部轴线数量与轴距。

一、任务

仔细阅读 BIM 实训工程施工图的各层建筑平面图和结构平面图布置图，完成下列工作：

（1）请复核各楼层之间构件的定位轴线的位置、编号是否有矛盾之处。

（2）请复核各层平面图中轴线尺寸与总尺寸是否有矛盾之处。

（3）请复核结构施工图中的轴线编号和尺寸是否与建筑施工图一致。

（4）观察各轴线和主要构件之间的关系。

二、任务分析

（1）本工程的定位轴线如何布置？轴线尺寸和总尺寸之间有什么关系？

（2）本工程中什么构件有定位轴线？定位轴线和构件相互关系如何？

三、任务实施

（1）打开地下室平面图（建施-04），查看图中的外部尺寸有几道；根据横向、纵向定位轴线的编号和轴线之间的尺寸，计算轴线尺寸和建筑物总长、总宽的关系。

（2）查看一～三层平面图（建施-04～07）中的外部尺寸有几道？复核轴线尺寸和总尺

寸是否和地下室平面图一致。

（3）查看结施-05～17中轴线间的尺寸和建筑平面图中的轴线尺寸是否一致。

（4）查看各层建筑平面图，观察轴线和各层的墙体的位置关系，查看柱、梁施工图，观察轴线和受力构件位置关系。

四、任务结果

（1）地下室平面图（建施-04）外部尺寸标注有两道，第一道表示轴线间尺寸，第二道表示建筑物的总尺寸。地下室横向定位轴线有6条，编号为1～6。其中1、2轴之间的轴线尺寸为3300mm，5、6轴之间的尺寸为3300mm，2、3、4、5轴之间的尺寸为6000mm。建筑物的总长度为各轴线尺寸之和加上1轴到外墙边缘的距离（100mm）和6轴到外墙边缘的距离（100mm）共计24800mm。纵向定位轴线有4条，编号为A～D，A、B轴线距离为6000mm，B、C轴线距离为3000mm，C、D轴线距离为6000mm。建筑物总宽为各轴线尺寸加上A轴距墙体边缘的距离（250mm）和D轴距墙体边缘的距离（250mm），共计15500mm。

（2）一～三层平面图（建施-04～-07）中的外部尺寸三道，第一道尺寸标注门窗的定位和洞口尺寸，第二道尺寸标注轴线尺寸，第三道尺寸表示建筑物的总尺寸。各层轴线位置和尺寸都一致。

（3）结构施工图中的轴线布置和建筑平面图中一致，注意结构施工图中的总尺寸（24600mm×15000mm）标注的为轴线间的总尺寸，而建筑平面图中的总尺寸（24800mm×15500mm）标注的为建筑物轮廓线之间的距离。

（4）各轴线和主要构件之间的关系

① 横向定位轴线　1轴和6轴在地下室平面中沿剪力墙偏心布置，轴线据墙身外边缘线的距离为100mm，在1～3层平面图中，均沿墙体（梁、柱）中线布置；其他横向定位轴线均沿墙中线布置。

② 纵向定位轴线　均沿柱子中线布置，A轴和D轴据墙身外边缘线的距离为250mm，据B轴墙（梁）和C轴（梁）墙边缘的距离为柱子截面尺寸的一半（250mm）。

五、知识链接：定位轴线及其编号

建筑施工图的定位轴线是建造房屋时砌筑墙身、浇注柱梁、安装构配件等施工定位的依据。凡是墙、柱、梁或屋架等主要承重构件，都应画出定位轴线，并编号确定其位置。对于非承重的分隔墙、次要的承重构件，可编绘附加轴线，有时也可以不编绘附加轴线，而直接注明其与附近的定位轴线之间的尺寸。

根据国家标准规定，定位轴线采用细点画线表示。轴线编号的圆圈用细实线，直径一般为8mm，详图上为10mm。轴线编号写在圆圈内。在平面图上水平方向的编号采用阿拉伯数字，从左向右依次编写。垂直方向的编号，用大写拉丁字母自下而上顺次编写。拉丁字母中的I、O及Z三个字母不得用作轴线编号，以免与数字1、0及2混淆。在较简单或对称的房屋中，平面图的轴线编号一般标注在图形的下方及左侧。较复杂或不对称的房屋，图形上方和右侧也可标注。对于附加轴线的编号可用分数表示，分母表示前一轴线的编号，分子表示附加轴线的编号，用阿拉伯数字顺序编写，如图1.1所示。

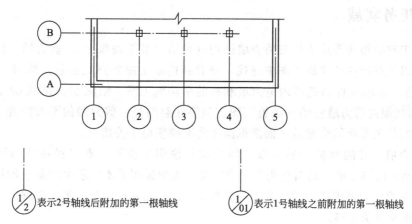

图 1.1 轴线表示方法

思考与练习

请说出在施工过程中定位轴线有什么作用？在施工过程中何时需要对定位轴线进行复核？

第四节 识读剪力墙、柱信息

通过本小节训练，你将能够：

从图纸中查阅各层剪力墙和柱的材料、位置、截面尺寸和数量。

一、任务

认真阅读 BIM 实训中心工程施工图，填写本工程中柱的信息（构件类型中填写剪力墙墙身、墙柱或框架柱），见表 1.3。

表 1.3 柱的信息

标高范围	构件类型	构件代号	混凝土强度等级	截面尺寸（墙身厚度）	数量

二、任务分析

（1）剪力墙、柱的信息在哪张图纸上查找？

（2）剪力墙、柱的混凝土强度等级在哪里查找？

（3）剪力墙包含哪些构件？

（4）剪力墙、柱在图纸上的代号有何规定？截面尺寸和位置在图纸上如何表达？

三、任务实施

（1）本工程的结构形式为框架剪力墙结构（见第二节工程概况），剪力墙、柱为结构受力构件，所以信息应在结构施工图中查找。查看结构施工图的图纸目录：结施-05、结施-06为基础顶面至-0.03m标高范围内剪力墙和柱的平法施工图。结施-07、结施-08为-0.03～9.900m标高范围内剪力墙柱的平法施工图。但要注意的是，剪力墙的平面位置、墙梁、墙柱、墙身之间的关系要结合建筑平面图识读才能准确获得相关信息。

（2）剪力墙、柱的材料一般可以在结构设计说明中找到。本工程在结构设计总说明（一）（结施-02）的第4项"材料选用及要求"第1条中说明了本工程中混凝土构件的混凝土强度等级，查看可知基础垫层的混凝土等级为C15，基础、柱、梁、板、楼梯的混凝土等级为C30，其他构件为C25。

（3）剪力墙构件分析　通常按照不同的部位，剪力墙看成是由剪力墙柱、剪力墙身和剪力墙梁三类构件组成。墙柱又称为边缘构件，分为约束性边缘构件和构造性边缘构件。剪力墙梁分为暗梁、连梁、和边框梁，边框梁和暗梁属于剪力墙的加强构件，不受弯，不是真正的梁，连梁是独立墙肢之间的连接构件，有受弯的特性，受力性能接近框架梁。墙身指的是墙柱和边框梁或暗梁之间的墙体。

在本工程的施工图中，结构施工图结施-06中表达了标高为基础顶～-0.030（地下室）范围内剪力墙和柱的平面位置及地下室外墙的信息。本工程的剪力墙包括墙柱、墙身和连梁组成。

墙柱：代号为GBZ（序号）为构造边缘构件，包括GBZ1-GBZ5a共六种墙柱。

墙身：对照建筑施工图的建筑平面图可知，1轴、6轴、A轴、D轴为剪力墙地下室外墙；2轴、5轴墙柱之间为剪力墙，但在结施-06中没有墙体编号。仔细阅读图纸，会发现图名下的图纸说明对墙身进行了说明：混凝土墙未标注编号的为Q1。

墙梁：墙梁的平面位置是在连接各独立墙肢的位置，在本工程的图纸中，剪力墙墙梁的截面尺寸、配筋和平面位置和框架梁一起在梁的施工图中表达，详见结施-10～13。

结构施工图结施-08为-0.030～9.900m（地上部分）范围内剪力墙和柱的平面位置。剪力墙的布置和结施-06大致相同，要注意，在结施-08中没有地下室外墙，只有剪力墙身、墙柱和框架柱。

（4）阅读结构设计说明（结施-02）　第一项工程概况中的第8条：本工程的框架及剪力墙采用平法表示，制图规则详见国家建筑标准图集《混凝土结构施工图平面整体表示方法制图规则和构造详图》（11G101-1）（现浇混凝土框架、剪力墙、梁、板）。

① 墙、柱的图纸代号：查阅11G101-1中对框架柱、剪力墙墙身、墙柱、墙梁在图纸中的代号和表示方法的规定，见表1.4、表1.5。

表1.4　框架柱、剪力墙柱、墙身的编号

构造边缘墙柱	约束边缘墙柱	非边缘暗柱	扶壁柱	墙身	地下室外墙身	框架柱
GBZ	YBZ	AZ	FBZ	Q	DWQ	KZ

表1.5　剪力墙梁的编号

连梁	连梁 （对角暗撑配筋）	连梁 （交叉斜筋配筋）	连梁 （集中对角斜筋配筋）	暗梁	边框梁
LL	LL(JC)	LL(JX)	LL(DX)	AL	BKL

② 柱和剪力墙的平法施工图有列表注写方式和截面注写方式两种表达方式，BIM实训中心工程中的框架柱和剪力墙的墙柱、墙身采用列表注写方式。地下室外墙采用集中标注的方式，在墙身的平面位置上集中标注墙体的编号、厚度、两侧贯通筋和拉筋。

由结施-06可知：标高为基础顶～－0.030m（地下室）范围内剪力墙和柱的平面位置及地下室外墙的信息。

③ 阅读结施-07，结施-07包括四部分内容：标高为基础顶～－0.030m（地下室）范围内剪力墙柱和框架柱的柱表、剪力墙墙身表、地下室外墙墙身配筋图及结构层楼层标高表。在柱表和墙身表中可以查找每种柱的形状和截面尺寸及配筋。

④ 由结施-08可知标高为－0.030～9.900m（地上部分）范围内剪力墙和柱的平面位置。

⑤ 阅读结施-09，结施-09包括三部分内容：标高为－0.030～9.900m（地上部分）范围内剪力墙墙柱和框架柱的柱表、剪力墙墙身表和结构层楼层标高表。在柱表和墙身表中可查找每种柱的形状和截面尺寸以及配筋。

四、任务结果

BIM实训中心工程柱信息表见表1.6。

表1.6　BIM实训中心工程柱信息表

标高范围	构件类型	构件代号	混凝土强度等级	截面尺寸/mm（墙身厚度）	数量
基础顶面～－0.030m	墙柱	GBZ1	C30	详见结施-07柱截面尺寸	4
		GBZ2			4
		GBZ3			4
		GBZ4			4
		GBZ5			12
		GBZ5a			4
		GBZ6			1
	框架柱	KZ1		500×500	8
	地下室外墙墙身	DWQ1		250	4
	剪力墙墙身	Q1		200	8
－0.030～9.900m	墙柱	GBZ1		详见结施-09柱截面尺寸	4
		GBZ2			4
		GBZ3			4
		GBZ4			4
		GBZ5			16
	剪力墙墙身	Q1		200	16
	框架柱	KZ1		500×500	8

五、知识链接：柱的平法施工图的表示方法

按国家建筑标准设计图集《混凝土结构施工图平面整体表示方法制图规则和构造详图》（11G101-1）的规定，柱的平法施工图的表示方法有两种方式：一种为截面注写方式，另一种为列表注写方式。

1. 截面注写方式

在柱平面布置图上，分别在不同编号的柱中各选一截面，在其原位上以一定比例放大绘制柱截面配筋图，注写柱编号、截面尺寸 $b \times h$、角筋或全部纵筋、箍筋。同时在柱截面配筋图上尚应标注柱截面与轴线关系。采用截面注写方式的柱施工图的图纸内容包括：

（1）柱平面图　轴线编号、轴线尺寸及总尺寸及柱的编号及截面信息。

（2）结构层的楼面标高和层高表。截面注写方式柱施工图范例如图 1.2 所示。

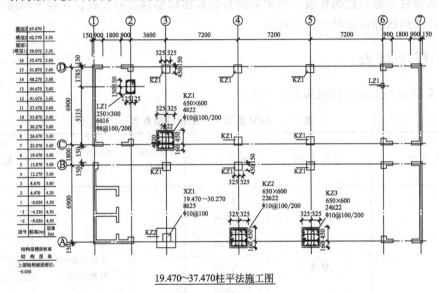

19.470~37.470柱平法施工图

图 1.2　截面注写方式柱施工图范例

2. 列表注写方式

列表注写方式，就是在柱平面布置图上，分别在不同编号的柱中各选择一个（有时需几个）截面，标注柱的几何参数代号；另在柱表中注写柱号、柱段起止标高、几何尺寸与配筋具体数值；同时配以各种柱截面形状及其箍筋类型图。采用列表注写方式绘制的柱平法施工图包括以下三部分内容。

第一部分：结构层楼面标高、结构层高及相应结构层号。此项内容可以用表格或其他方法注明。

第二部分：柱平面布置图。在柱平面布置图上，分别在不同编号的柱中各选择一个（或几个）截面，标注柱的几何参数代号：b_1、b_2、h_1、h_2，用以表示柱截面形状及与轴线关系。

第三部分：柱表。柱表内容包含以下六部分。

（1）编号　由柱类型代号和序号组成。

（2）各段柱的起止标高　自柱根部往上，以变截面位置或截面未变但配筋改变处为界分段注写。框架柱和框支柱的根部标高系指基础顶面标高，梁上柱的根部标高系指梁顶面标

高。剪力墙上柱的根部标高分为两种：当柱纵筋锚固在墙顶部时，其根部标高为墙顶面标高；当柱与剪力墙重叠一层时，其根部标高为墙顶面往下一层的结构层楼面标高。

（3）柱截面尺寸 $b×h$ 及与轴线关系的几何参数代号 b_1、b_2 和 h_1、h_2 的具体数值，必须对应各段柱分别注写。当截面的某一边收缩变化至与轴线重合一或偏离轴线的另一侧时，b_1、b_2，h_1、h_2 中的某项为零或为负值。

（4）柱纵筋 分角筋、截面 b 边中部筋和 h 边中部筋三项。当柱纵筋直径相同，各边根数也相同时，可将纵筋写在"全部纵筋"一栏中。采用对称配筋的矩形柱，可仅注写一侧中部。

（5）箍筋种类型号及箍筋肢数 在箍筋类型栏内注写。

（6）柱箍筋 包括钢筋级别、直径与间距。列表注写方式柱施工图范例如图 1.3 所示。

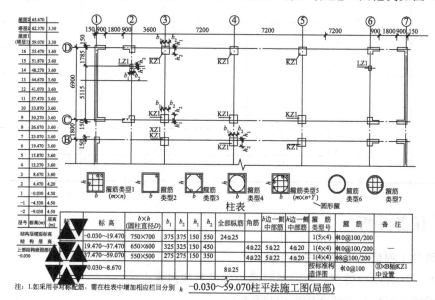

图 1.3 列表注写方式柱施工图范例

思考与练习

1.《混凝土结构施工图平面图整体表示方法制图规则和构造详图》图集共包括几个分册？每个分册的图集代号和主要内容是什么？

2. 在 11G101-1 中关于剪力墙的制图规则有哪些规定？

第五节　识读梁的信息

通过本小节训练，你将能够：

从结合标准图集 11G101-1，从图纸中查阅各层梁的材料、位置、截面尺寸和数量。

一、任务

认真阅读 BIM 实训中心工程施工图，填写本工程中梁的信息表，见表 1.7。

（1）梁的类型一栏请写出框架梁、屋面框架梁或是非框架梁、悬挑梁等。

（2）梁的名称请按 11G101-1 中的规定写出梁的代号。

表 1.7　梁的信息表

层顶结构标高	类 型	名 称	混凝土强度等级	截 面 尺 寸	梁 顶 标 高	备 注

二、任务分析

（1）梁的工程信息从哪张图纸上读出？

（2）如何区分梁的类型？不同类型梁的代号是如何规定的？

（3）梁的材料标号在哪张图纸中找到？

（4）如何从梁的施工图中读出梁的截面尺寸和梁顶的标高信息？

三、任务实施

（1）梁是结构受力构件，应从结构施工图中查找梁的工程信息。查看结构施工图的图纸目录（结施-01）：梁的施工图共 4 张，结施-10 为标高－0.03m（地下室顶板）处梁的施工图；结施-11 为标高 3.27m（一层顶板）处梁的施工图；结施-12 为标高 6.57m（二层顶板）处梁的施工图；结施-13 为标高 9.9m（屋盖）处梁的施工图。

（2）按梁的不同的受力形式，梁可分为框架梁（楼层框架梁 KL、屋面框架梁 WKL）、框支梁、非框架梁（L）、悬挑梁（XL）、井字梁（JZL）等。11G101-1 中对不同类型的梁规定了不同的图纸代号。

（3）梁的材料一般可在结构设计说明中找到。本工程在结构设计总说明（一）（结施-02）的第 4 项"材料选用及要求"第 1 条中说明了本工程中混凝土构件的混凝土等级。查看可知基础垫层的混凝土等级为 C15，基础、柱、梁、板、楼梯的混凝土等级为 C30，其他构件为 C25。

（4）打开梁的施工图，检查每根梁的截面信息，梁的信息注写分为集中标注和原位标注，集中标注表达梁的截面尺寸、配筋信息的通用信息，原位标注表达梁的特殊数值。

（5）梁顶面标高一般和楼层层顶的结构标高一致，当梁顶面标高不同于结构层楼面标高时，需要将梁顶标高相对于结构层楼面标高的差值注写在梁的集中标注中，高于楼面为正值，低于楼面为负值。

四、任务结果

BIM 实训中心工程梁信息见表 1.8。需要注意的是：如第四节所述，在梁的施工图以及表 1.8 中，LL 表示的是剪力墙的连梁。

表 1.8　BIM 实训中心工程梁信息

楼层结构标高/m	类　　型	名　　　称	混凝土强度等级	截面尺寸/mm	梁顶标高	数　　量
−0.03	框架梁	LL1	C30	200×450		4
		LL2		200×400		2
		KL3		200×600		1
		KL4		200×600		1
		LL5		200×400		4
		KL6		200×600		1
		KL7		200×600		1
	非框架梁	L1		200×500		1
		L2		200×450		1
3.270	框架梁	LL1	C30	200×450	和层顶标高一致	4
		LL2		200×400		2
		LL3		200×400		4
		LL4		200×450		3
		LL5		200×400		2
		LL6		200×450		1
		KL7		200×600		1
		KL8		200×600		1
		LL9		200×400		4
		KL10		200×600		1
		KL11		200×600		1
		KL12		200×600		1
		KL13		200×600		1
	非框架梁	L1		200×400		6
		L2		200×450		1
		L3		200×400		1
		L4		200×500		1

续表

楼层结构标高/m	类 型	名 称	混凝土强度等级	截面尺寸/mm	梁 顶 标 高	数 量
6.570	框架梁	LL1	C30	200×450	和层顶标高一致	5
		LL2		200×400		2
		LL3		200×400		4
		LL4		200×450		3
		LL5		200×400		2
		KL6		200×600		1
		KL7		200×600		1
		LL8		200×400		4
		KL9		200×600		1
		KL10		200×600		1
		KL11		200×600		1
		KL12		200×600		1
	非框架梁	L1		200×400		5
		L2		200×450		1
		L3		200×500		1
		L4		200×400		1
		L5		200×400		1
9.900	屋面框架梁	LL1	C30	200×450	和层顶标高一致	5
		LL2		200×400		2
		LL3		200×450		3
		LL4		200×400		2
		WKL5		200×600		1
		WKL6		200×600		1
		LL7		200×400		4
		WKL8		200×600		2
		LL9		200×400		4
		WKL10		200×600		1
		WKL11		200×600		1
	非框架梁	L1		200×400		5
		L2		200×450		1
		L3		200×500		1
		L4		200×400		1
		L5		200×400		1

五、知识链接：梁的平面整体表示方法

按国家建筑标准设计图集《混凝土结构施工图平面整体表示方法制图规则和构造详图》

（11G101-1）的规定，梁的平面整体表示方法有两种方式，一种为平面注写方式，另一种为截面注写方式。

1. 平面注写方式

梁平面布置图上，分别在不同编号的梁中各选一根梁，在其上注写截面尺寸和配筋具体数值。注写分为集中标注和原位标注。集中标注表达梁的通用数值，原位标注表达梁的特殊数值。

（1）集中标注

① 梁编号　由类型代号、序号、跨数及有无悬挑几项表示如下。

② 梁截面尺寸　等截面梁有 $b \times h$ 表示；加腋梁用 $b \times h$，$yc_1 \times c_2$ 表示（其中 c_1 为腋长，c_2 为腋高）；悬挑梁当根部和端部不同时，用 $b \times h_1/h_2$ 表示（其中 h_1 为根部高，h_2 为端部高）。

③ 梁箍筋　包括钢筋级别、直径、加密区与非加密区间距及肢数。

④ 梁上部贯通筋或非架立筋。

⑤ 梁侧面纵向构造钢筋或受扭钢筋。

⑥ 梁顶面标高高差　此项为选注值，当梁顶面标高不同于结构层楼面标高时，需要将梁顶标高相对于结构层楼面标高的差值注写在括号内，无高差时不注。高于楼面为正值，低于楼面为负值。

（2）原位标注　原位标注的内容包括：截面尺寸、梁支座上部纵筋、梁下部纵筋、附加箍筋或吊筋。平面注写方式梁施工图范例如图 1.4 所示。

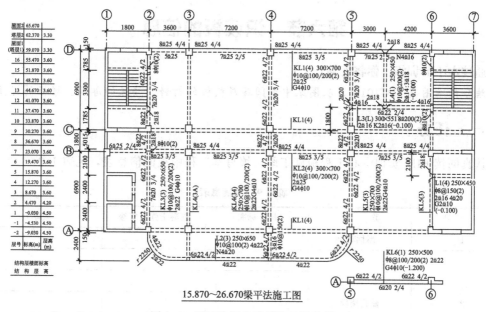

15.870～26.670梁平法施工图

图 1.4　平面注写方式梁施工图范例

2. 截面注写方式

截面注写方式是将截面编号直接画在梁平面布置图上，截面详图画在本图或其他图上。截面详图反映梁的截面尺寸和配筋，梁平面布置图反映梁的位置、编号、原位配筋信息。截面注写方式既可以单独使用，也可与平面注写方式结合使用。截面注写方式梁施工图范例如图 1.5 所示。

建筑识图与BIM建模实训教程

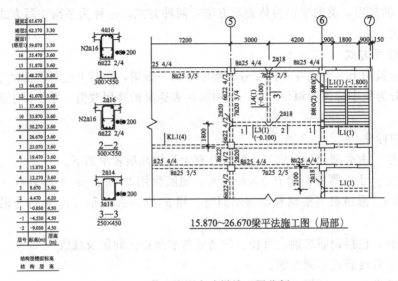

图 1.5　截面注写方式梁施工图范例

思考与练习

1. 请说明《混凝土结构平法整体表示方法制图规则和构造要求》(11G101-1) 中对梁的编号有何规定？从梁的编号中能表达梁的什么信息？

2. 当梁顶标高和楼面的结构标高不一致时，在梁的平法施工图中如何表达？

第六节　识读板的信息

通过本小节训练，你将能够：

结合标准图集 11G101-1，从图纸中查阅各层楼板的材料、楼板的厚度、楼板的标高。

一、任务

认真阅读 BIM 实训中心工程板施工图，填写本工程中板的信息表，见表 1.9。

表 1.9　板信息表

序　号	类　型	板顶标高	混凝土强度等级	板厚 h
1	屋面板			
2	普通楼板			

二、任务分析

(1) 板的工程信息从哪张图纸上读出？

18

（2）板的材料标号在哪张图纸中找到？

（3）如何从板的施工图中读出板的厚度和标高信息？

三、任务实施

（1）板是结构受力构件，应从结构施工图中查找板的工程信息。查看结构施工图的图纸目录（结施-01）可知：板的施工图共 4 张，结施 14 为标高为 −0.03m（地下室顶板）处板的施工图；结施-15 为标高为 3.27m（一层顶板）处板的施工图；结施-16 为标高 6.57m（二层顶板）处板的施工图；结施-17 为标高 9.9m（屋盖）处屋面板的施工图。

（2）板的材料一般可以在结构设计说明中找到。本工程在结构设计总说明（一）（结施-02）的第四项"材料选用及要求"第 1 条中说明了本工程中混凝土构件的混凝土等级，查看可知基础垫层的混凝土等级为 C15，基础、柱、梁、板、楼梯的混凝土等级为 C30，其他构件为 C25。

（3）板的施工图要表达的内容包括板的厚度、板顶的标高和板的配筋。在本次 BIM 建模实训中涉及不钢筋的算量，所以在施工图中不考虑板的配筋信息。板的厚度和标高可在图纸中每块楼（屋面）板的相应位置查询，板的注写厚度通常用 $h = \times\times\times$ 来表示。若板的平面布置图上没有板的标高，也可在图纸的设计说明中查询。本工程在每张板施工图的左下角的设计说明中标注出了板的厚度和标高信息。

四、任务结果

查阅楼板的施工图结施-14～17，BIM 实训中心工程板的信息见表 1.10。

表 1.10 BIM 实训中心工程板的信息

序 号	类 型	板顶标高/m	混凝土强度等级	板厚 h/mm	备 注
1	普通楼板	−0.03	C30	180	卫生间位置的标高比同层的结构标高低 90mm
		3.270		100	
		6.570		100	
2	屋面板	9.900		120	

五、知识链接：板的平法制图规则

按国家建筑标准设计图集《混凝土结构施工图平面整体表示方法制图规则和构造详图》（11G101-1）的规定，板平面注写主要包括板块集中标注和板支座原位标注。为方便设计表达和施工识图，规定结构平面的坐标方向为：当两向轴网正交布置时，图面从左至右为 X 向，从下至上为 Y 向；当轴网转折时，局部坐标方向顺轴网转折角度做相应转折；当轴网向心布置时，切向为 X 向，径向为 Y 向。

（1）板块集中标注 板块集中标注的内容为：板块编号、板厚、贯通纵筋，以及当板面标高不同时的标高高差。

（2）板支座原位标注 板支座原位标注的内容为：板支座上部非贯通纵筋和纯悬挑板上部受力钢筋。板平法施工图范例如图 1.6 所示。

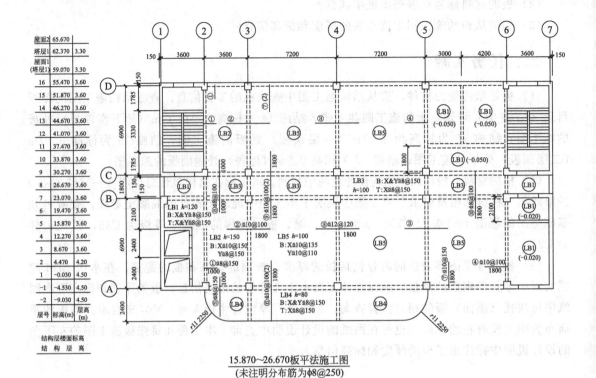

15.870~26.670板平法施工图
(未注明分布筋为φ8@250)

图 1.6　板平法施工图范例

思考与练习

1. 请数数 BIM 实训中心工程标高为 3.270m 的楼盖上有多少块四边支撑的现浇板？

2. 结合建筑施工图，查看卫生间楼板的结构标高和建筑标高分别是多少？与其他房间的楼板标高一致吗？为什么？

3. 结合各层建筑平面图和板的配筋图对照识读，查看每个房间楼板的结构支撑情况。

第七节　识读填充墙信息

通过本小节训练，你将能够：

从图纸中查阅填充墙的材料、厚度和各墙体的位置。

一、任务

填写 BIM 实训中心工程施工图中关于填充墙的信息，见表 1.11。

表 1.11　墙的信息

位置	类型	砌筑砂浆	材质	墙厚	墙边缘与轴线的关系

二、任务分析

（1）墙体包括哪些类型？

（2）墙体的厚度和材料从哪张图纸中查找？

（3）每层的墙体厚度和位置有无改变？

（4）墙体的标高范围如何确定？

三、任务实施

（1）墙体根据其受力情况分为填充墙和承重墙两种类型，本工程为框架剪力墙结构，剪力墙属于结构受力构件，其他墙体属于填充墙。

（2）墙体的材料信息可以从结构设计说明中第 4 条墙体工程部分查找。

（3）墙体的厚度可以从建筑平面图中查找，也可以从建筑设计说明中第 4 条墙体工程部分查找。结合建筑设计说明和建筑平面图可知，本工程墙体除剪力墙外，全部采用 200mm 厚的加气混凝土砌块，且内墙沿轴线居中，外墙齐柱边。

（4）复核每层的建筑平面图，观察墙体的厚度和位置没有变化。

四、任务结果

分析建施-01、建施-04、建施-05、建施-06、建施-07 得出表 1.12。

表 1.12　BIM 实训中心工程填充墙信息

墙体位置	类型	砌筑砂浆	材料	墙厚/mm	墙边缘与轴线的关系/mm
纵墙	填充墙	M5	B06 A3.5 加气混凝土砌块	200	250
横墙				200	100

五、知识链接：框架剪力墙结构

框架结构的建筑布置比较灵活，可以形成较大空间，但抗侧刚度较小，抵抗水平力的能力较弱；剪力墙结构的刚度较大，抵抗水平力的能力较强，但结构布置不灵活，难以形成大空间。框架-剪力墙结构是在框架结构中设置适当剪力墙的结构。框架-剪力墙结构结合了两个体系各自的优点，既可使建筑平面灵活布置，又能给高层建筑物提供足够的抗侧刚度，相对也能节省材料及造价。框架-剪力墙结构在办公楼、宾馆、住宅等建筑中应用相当普遍。

框架剪力墙结构（图 1.7）中除剪力墙之外，所有的墙都不承重，称为填充墙，起着划分空间、维护的作用。

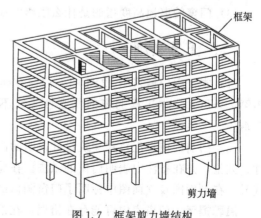

图 1.7　框架剪力墙结构

思考与练习

1. 结合建筑设计说明，请说出 BIM 实训中心工程内外墙的装修做法。

2. 建筑结构设计说明对填充墙有哪些补充说明？

第八节　识读门窗信息

通过本小节训练，你将能够：

从图纸中查阅门窗的数量、门窗洞口的尺寸、门窗的材料。

一、任务

填写 BIM 实训中心工程施工图中关于门窗的信息表，见表1.13。

表 1.13　门窗的信息

序　号	名　称	数量/个	宽/mm	高/mm	离地高度/mm	材　料	类　型	等　级

二、任务分析

(1) 本工程的门窗采用的是哪本图集？采用什么材料？采用哪种形式？

(2) 门窗洞口的尺寸如何查找？

(3) 门窗的离地高度指的是什么距离？如何查找？

三、任务实施

(1) 本工程门窗采用12YJ4-1，门窗在建筑设计说明第 7 条对门窗的情况进行了说明，由第 7 条可知，本工程的窗的气密性等级不低于 6 级，外窗采用断热铝合金中空玻璃平开窗。

(2) 门窗的信息汇总在建筑设计说明的门窗表中，包括门窗的类型、图集编号、洞口尺寸、数量，并在备注中表明门窗的做法。在建筑平面图中也表明了门窗洞口的宽度及门窗的代号，在剖面图及立面图中标明了门窗洞口的高度。

温馨提示：门窗表中可能存在错误，在汇总门窗信息时必须将门窗表和建筑平面图和立面图结合起来复核门窗编号和洞口尺寸，门窗数量必须在建筑平面图重新数一遍。

（3）在建模软件输入门窗信息时，需要输入门窗的离地高度即门窗洞口下边缘据楼地面的距离，用来确定门窗的位置。外墙窗的离地高度从建筑立面图（建施-09、建施-10）中查阅窗台距离每层楼地面的距离，门的离地高度取 0。

四、任务结果

分析图纸建施-02、建施-04～07、建施-09、10，得到 BIM 实训中心工程门窗信息见表 1.14。

表 1.14　BIM 实训中心工程门窗信息

序号	名称	类型	数量	宽/mm	高/mm	离地高度/mm	材料
1	M0921	普通门	6	900	2100	0	木质夹板门
2	M1521		27	1500	2100	0	
3	M1524		2	1500	2400	0	
4	MLC-1		1	3300	2400	0	玻璃钢节能门
5	FM 乙 1521	乙级防火门	8	1500	2000	0	木质乙级防火门
6	C1518	普通窗	4	1500	1800	900	断热铝合金中空玻璃
7	C1818		46	1800	1800	900	

思考与练习

查阅相关图集，请画出 BIM 实训中心工程中各门窗的立面大样图。

第九节　识读过梁、圈梁、构造柱信息

通过本小节训练，你将能够：

从图纸中查阅工程的抗震等级，分析圈梁、过梁、构造柱的材料等级、位置、截面尺寸。

一、任务

填写 BIM 实训中心工程施工图中关于圈梁、过梁、构造柱的信息，见表 1.15。

表 1.15　圈梁、过梁、构造柱的信息

类　型	位　置	截面尺寸/mm	材　料
圈梁			
过梁			
构造柱			

二、任务分析

(1) 圈梁、过梁和构造柱属于受力构件吗？

(2) 圈梁的截面尺寸如何确定？

(3) 门窗洞口是否设置过梁？如果需要设置过梁，如何选取过梁？

(4) 构造柱的平面位置和截面尺寸如何确定？

三、任务实施

(1) 圈梁、过梁、构造柱属于建筑结构的抗震构造要求，抗震构造信息一般不在结构施工图中单独出图，而是以设计说明的形式进行补充说明。本工程在结构设计说明（二）（结施-03）的第5部分中对圈梁、过梁和构造柱的信息进行了详细的说明。

(2) 圈梁截面尺寸及平面位置分析　结施设计说明第5部分第2条说明了圈梁的截面宽度同墙厚，圈梁的高度为180mm。由本书第六节墙体信息可知，填充墙的厚度为200mm，则圈梁的截面宽度为200mm。

(3) 过梁截面尺寸和位置分析　门窗洞口无梁的位置要设置过梁。要分析过梁的位置，需要先对建筑剖面图（建施-11）对门窗洞口的高度进行分析。

门洞过梁分析：由建筑剖面图（建施-11）可知，门的高度为2100mm（MLC的高度为2400mm），层高为3300mm，所以门洞上方需要设置过梁。

窗洞过梁分析：确定过梁的位置需要知道窗顶据楼面的距离和窗上框架梁的高度。又由建筑剖面图（建施-11）可知 A 轴、D 轴墙上的窗洞顶部距楼板的高度为600mm，查阅结施-11～13可知，AD 轴处的框架梁的截面高度均为600mm，所以 AD 轴处的窗户上方不设过梁。

过梁的选取：结施设计说明第5部分第3条规定：过梁在河南省标准图集 11YG301 中选取，过梁的荷载等级为2级。

(4) 构造柱平面位置及截面尺寸分析

① 构造柱的平面位置分析　构造柱在柱的平面布置图中没有标注，结施设计说明第5部分第4条给出了构造柱的平面布置原则，下面按第4条给出的平面布置原则结合本工程的、建筑平面图和剖面图进行分析。

砌体填充墙长度超过5m或墙长超过层高的2倍时，在墙的中部设置。

分析本工程的建筑平面图（建施-04～07）可以看出，框架填充墙的长度均为6m，所以在框架填充墙的中部需设置构造柱。

砖墙女儿墙高度超过500mm，每3m及转角处设置。

分析本工程的建筑剖面图（建施-11）可以看出，女儿墙的高度为900mm，按本条规定，沿女儿墙每3m设置构造柱，并在女儿墙的转角处需设置构造柱。女儿墙上的构造柱生根于顶层框架梁上。

门窗宽度超过大于等于2.1m时，在洞口两边设置。

分析本工程的建筑平面图（建施-04～07）可以看出，本工程的门洞宽度为2100mm（其中一层 MLC-1 宽度为3300mm），按本条规定，门洞两侧需设置构造柱。

悬挑梁上填充墙端部：本工程无此种情况。

外墙窗间墙宽度不大于 700mm 时，在墙一端加设。

本工程无此种情况。

② 构造柱截面尺寸分析　结构设计说明第 5 部分第 5 条对构造柱的截面尺寸和配筋做出了详细说明，本次实训不涉及钢筋，故按第 5 条的规定断面尺寸见结施-04 的图二：构造柱的截面宽度和高度都取墙体厚 200mm×200mm。

四、任务结果

BIM 实训中心工程过梁、圈梁、构造柱信息见表 1.16。

表 1.16　BIM 实训中心工程过梁、圈梁、构造柱信息

类　　型	位　　置	截面尺寸/mm	材　　料
圈梁	框架填充墙顶部	200×180	C25
过梁	门洞上方	见图集	C25
构造柱	框架填充墙的中部	200×200	C25
	门洞两侧		
	沿女儿墙每 3m 设置以及女儿墙的转角处		

五、知识链接：结构设计总说明

结构设计总说明是对建筑物的结构形式和结构构造要求等的总体概述，在结构施工图中占有重要地位，排在结构施工图的最前面。

根据结构的复杂程度和各设计单位的习惯不同，不同图纸中结构设计总说明表达的也不尽相同，但概括起来主要包括以下内容。

（1）工程结构设计的主要依据

① 工程设计依据的规范、规程、图集和结构分析软件。

② 地质勘察报告及其主要内容，包括工程地址情况和水文地址情况。

③ 采用的设计荷载，包括工程所在地的风荷载、雪荷载、楼屋面的使用荷载等。

（2）设计标高所对应的绝对标高值。

（3）建筑结构的安全等级和设计使用年限。

（4）建筑场地的地震基本烈度、场地类别、地基土的液化等级、建筑抗震设防类别、抗震设防烈度和混凝土结构的抗震等级。

（5）主体结构的形式、材料、受力钢筋保护层厚度、钢筋的锚固长度、搭接长度及接长方法。

（6）结构抗震构造做法及要求。

（7）施工应遵循的施工规范和注意事项。

（8）注明所选用平法标准图的图集号（如 11G101-1），以免图集升版后在施工中用错版本。

思考与练习

1. 查看 BIM 实训中心工程的结构设计说明，说出本工程的安全等级、抗震设防烈度、抗震等级分别是多少？

2. 查看结构设计说明（三）中的图一、图二表达的是什么内容？

第十节　识读基础信息

通过本小节训练，你将能够：
从图纸中查阅基础的材料、构造形式、细部尺寸及基础的标高。

一、任务

阅读基础施工图，填写 BIM 实训中心工程施工图中关于基础的信息，见表 1.17。

表 1.17　基础的信息

基 础 属 性	属 性 值
基础类型	
基础混凝土强度等级	
基础顶部标高	
基础的细部尺寸	
基础底板的尺寸	
基础垫层混凝土强度等级	
基础垫层的厚度	

二、任务分析

（1）本工程基础施工图的图纸编号是多少？基础施工图中包含哪些信息？

（2）本工程采用何种形式的基础？基础的细部尺寸指的是哪些尺寸？

（3）基础采用什么材料？

三、任务实施

（1）查阅结构施工图图纸目录，基础相关图纸包括基础设计说明（结施-01）和基础平面布置图。基础设计说明中说明了基础的设计依据、基础的材料、基础的类型、基础的构造措施及基础施工时应注意的事项。基础平面布置图标注了基础的平面尺寸、基础配筋、柱子和剪力墙的平面位置。

（2）阅读基础设计说明，第 1 条说明本工程的基础为筏板基础；第 2 条说明了基础材料。基础采用 C30 抗渗混凝土，底板下做了 C15 混凝土垫层，厚度为 100mm。垫层宽出基础 100mm；第 3 条说明基础的钢筋保护层的厚度；第 4 条说明了基础筏板的厚度 550mm 及基础顶部标高 -3.400m。

四、任务结果

BIM 实训中心工程基础信息见表 1.18。

表 1.18 BIM 实训中心工程基础信息

基 础 属 性	属 性 值
基础类型	筏板基础
基础混凝土强度等级	C30 抗渗混凝土
基础顶部部标高	−3.400m
基础筏板厚度	550mm
基础底板的尺寸	基础底板长度：24600＋2×500＝25600mm 基础底板宽度：15000＋2×500＝16000mm
基础垫层混凝土强度等级	C15
基础垫层的厚度	100mm

五、知识链接：基础施工图

基础的形式、大小与上部结构、荷载大小及地基的承载力有关，一般有条形基础、独立基础、桩基础、筏型基础、箱形基础等形式（见图 1.8）。基础图是表达基础结构布置及详细构造的图样，包括基础平面图和基础详图。

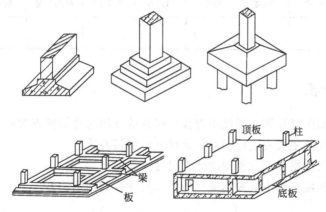

图 1.8 常见的基础构造形式

基础平面图主要表达基础的平面布局及位置。因此只需绘出基础墙、柱及基底平面轮廓及尺寸即可。除此之外其他细部（如条形基础的大放脚、独立基础的锥形轮廓线等），都不必反映在基础平面图中。基础平面图一般包括以下内容。

（1）基础设计说明 基础设计说明的主要内容包括基础的类型、基础的设计等级、基础采用的材料、地基持力层的名称、位置及承载力的数值，另外基础设计说明中还要写出施工的特殊要求。

（2）基础平面布置图 基础平面布置图的主要内容包括以下内容。

① 基础墙、柱的定位轴线：定位轴线是施工放线的依据，是基础平面图的重要内容。基础平面图中的轴线编号、尺寸要和建筑施工图中的平面图保持一致。

② 基础的外轮廓投影线：基础的外轮廓线是基坑开挖的依据。由于基础平面图比例较小，基础的平面图中基础的细部投影线省略不画。

③ 基础梁、构造柱、地沟及其他管沟的位置、尺寸和标高。

④ 剖切符号：基础的断面形状、基础的尺寸、埋深等发生变化时，对每一种基础要分别画出基础详图，在基础平面图中要在适当的位置画出剖切符号并编号。

思考与练习

请说出何种工程状况适合采用筏板基础？筏板基础的构造形式有几种？

第十一节　识读楼梯信息

通过本小节训练，你将能够：

从楼梯施工图中查阅楼梯的形式；楼梯间开间进深尺寸；休息平台、梯段板、梯梁的形式及尺寸；踏步的宽度和高度。

一、任务

分析 BIM 实训中心工程施工图中关于楼梯的信息，填写表 1.19。

表 1.19　楼梯的信息

楼梯数量	结构形式	开间尺寸	平台宽度	平台板厚度	梯梁截面尺寸	踏步高度和宽度	每个梯段踏步的数量	梯段板厚	梯井宽度	栏杆的高度

二、任务分析

(1) 楼梯的平面位置从哪张图纸中查找？楼梯的开间尺寸如何查找？

(2) 楼梯的平面图主要表达楼梯的什么尺寸？如何阅读？

(3) 楼梯的剖面图主要表达楼梯的什么尺寸？如何阅读？

(4) 楼梯的结构施工图主要表达楼梯的什么尺寸？如何阅读？

三、任务实施

(1) 分析建筑平面图建施-04~07，可知本工程设有 2 部楼梯，位于 1~2 轴之间和 5~6 轴之间。楼梯从地下室开始到四层，楼梯的开间尺寸为 3300mm。

(2) 查阅本工程的楼梯平面图（建施-12）可知本工程的梯段的长度为 2900mm，踏步的宽度为 290mm，踏步数量为 10 个，休息平台的宽度为 1550mm，梯井的宽度为 100mm，楼梯间窗户洞口的宽度为 1800mm，门洞的宽度为 1500mm。

(3) 查阅本工程的楼梯剖面图（建施-11）可知本工程楼梯的踏步的高度为 150mm，每层休息平台的标高分别为 −1.650m、1.650m、4.950m，楼梯间窗洞的高度为 1800mm，楼梯栏杆的高度为 1100mm，栏杆的做法见详图。

(4) 查阅本工程的楼梯结构施工图（结施-18）可知本工程楼梯结构包括梯段板、平台板和平台梁，为板式楼梯。楼梯的结构施工图采用平面整体表示方法，梯段板的集中标准内容包括梯段的类型 AT、梯段板厚度 $h=150mm$，踏步段的总高度和踏步数量 1650mm/11

及梯段板的配筋；平台梁的编号为 LTL1，截面尺寸为 200mm×400mm；平台板的配筋和厚度在结构施工图中平台板的位置处标注，也可以在图纸说明中注明。本工程楼梯结构施工图的图纸说明中注明平台板的厚度为 120mm。

四、任务结果

BIM 实训中心工程楼梯信息，见表 1.20。

表 1.20 BIM 实训中心工程楼梯信息　　　　　　　mm

楼梯数量	结构形式	开间尺寸	平台宽度	平台板厚度	梯梁截面尺寸	踏步高度和宽度	每个梯段踏步的数量	梯段板厚	梯井宽度	栏杆的高度
2	板式	3300	1550	120	200×400	150×290	10	150	100	1100

五、知识链接：楼梯详图

楼梯详图主要表示楼梯的类型、结构形式、各部位的尺寸及装修做法等，是楼梯施工放样的主要依据。楼梯的施工图包括楼梯建筑详图和楼梯的结构施工图，楼梯的建筑详图一般有楼梯平面图、楼梯剖面图，以及踏步和栏杆等节点详图。

1. 楼梯平面图

楼梯平面图通常要分别画出底层楼梯平面图、顶层楼梯平面图及中间各层的楼梯平面图。如果中间各层都完全相同时，可以只画一个中间层楼梯平面图，这种相同的中间层的楼梯平面图称为标准层楼梯平面图。楼梯平面图主要表明梯段的长度和宽度、上行或下行的方向、踏步数和踏面宽度、楼梯休息平台的宽度、栏杆扶手的位置及其他一些平面形状。

阅读楼梯详图时应注意：

（1）剖切线的表示 为了避免混淆，楼梯平面图的剖切处规定画 45°折断符号；

（2）上行或下行的方向表示 楼梯平面图中，梯段的上行（下行）方向是以各层楼地面为基准标注，用长线箭头和文字在梯段上注明上行、下行的方向及踏步总数。楼梯平面图表达方式如图 1.9 所示。

2. 楼梯剖面图

假想用一铅垂剖切平面通过各层的一个梯段和门窗洞，将楼梯剖开，向另一未剖到的梯段方向投影，所做的剖视图即为楼梯剖面图，如图 1.10 所示。

楼梯剖面图的图示内容：

（1）各层楼（地）面的标高、楼梯段的高度、踏步的宽度和高度、级数及楼地面、楼梯平台、墙身、栏杆、栏板等的构造做法及其相对位置。

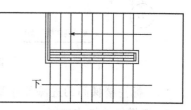

(a)楼梯间顶层平面图

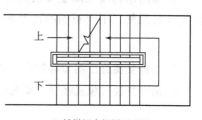

(b)楼梯间中间层平面图

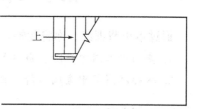

(c)楼梯间底层平面图

图 1.9 楼梯平面图表达方式

建筑识图与BIM建模实训教程

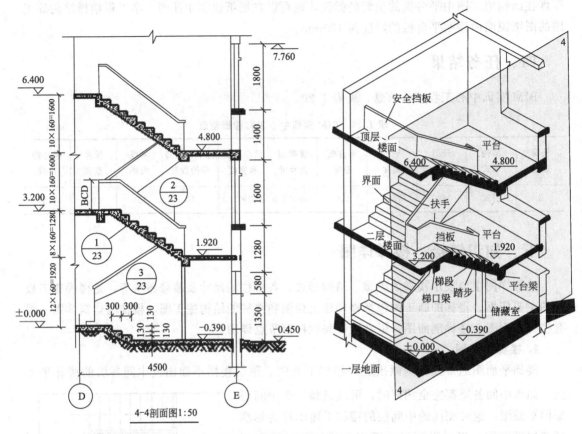

图1.10 楼梯的剖面图的形成

（2）标注楼梯间的进深尺寸及轴线编号。

3. 楼梯的结构施工图

楼梯的结构施工图主要表达各休息平台的结构标高、梯段板的厚度及配筋、平台梁的截面尺寸及配筋、平台板的厚度及配筋。

思考与练习

1. 根据楼梯施工图和建筑标准图集，画出楼梯栏杆的大样图。

2. 请分别说出板式楼梯、梁式楼梯的结构组成和传力路径。

第十二节 识读台阶、散水信息

通过本小节训练，你将能够：

1. 查阅施工图中台阶、散水的尺寸及详图索引；

2. 从标准图集中查阅台阶、散水的构造做法。

一、任务

（1）请填写BIM实训中心工程台阶的信息表，见表1.21。

表 1.21 台阶的信息表

位置	踏步宽度	踏步高度	踏步的数量	顶部标高	台阶做法

（2）请查找 BIM 实训中心工程散水的宽度和做法。

二、任务分析

（1）首层有几部台阶？台阶的尺寸是从什么图中什么位置找到？台阶采用什么构造做法？

（2）散水位于建筑物的哪个部位？有何作用？首层散水的尺寸是从什么图中什么位置找到？散水做法在哪张图纸中查阅？

三、任务实施

（1）分析一层建筑平面图（建施-05），由图可知，本工程有三个出入口。每处设有一部台阶，以解决室内外高差的问题，台阶的顶部标高为一层地面的标高±0.000。三部台阶分别在建筑物的东西两面 C～B 轴位置和建筑物南面 3～4 轴位置。观察台阶处的细部尺寸，可知台阶踏步的宽度为 300mm，有 3 个踏步。台阶的高度可从建筑立面图或剖面图查阅，每个台阶高度为 150mm。在一层平面图中每个台阶的位置处都有一个详图索引，可知台阶的构造做法，可查阅河南省工程建设标准《12 系列建筑标准设计图集》12YJ9-1 图集的 102 页的第一个详图，如图 1.11 所示。

（2）散水是位于建筑物外墙四周处的斜坡，目的是将雨水排至远处。散水的信息也在一层建筑平面图（建施-05）。分析一层建筑平面图，外墙四周细实线即为散水的投影线。在一层平面图中散水的位置处都有一个详图索引，可知散水的构造做法。可查阅河南省工程建设标准《12 系列建筑标准设计图集》12YJ9-1 图集的 95 页的第 3 个详图。如图 1.12 所示。

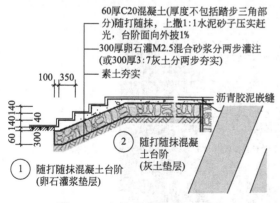

图 1.11 本工程采用的台阶做法

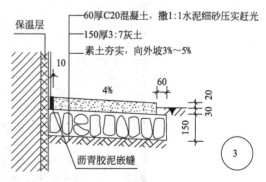

图 1.12 本工程采用的散水做法

四、任务结果

BIM 实训中心工程台阶的信息，见表 1.22。

表 1.22 BIM 实训中心工程台阶的信息

踏步宽度	踏步高度	踏步的数量	顶部标高	台阶做法
300	150	3	0.000	图集所示

BIM 实训中心工程散水的宽度为 900mm，做法如图 1-12 所示。

五、知识链接：标准图集

标准图集是给广大设计人员和建设单位、施工单位进行参考的权威做法，里面的做法都是经过验证的符合规范的可靠做法，可以直接选用作为图纸设计的一部分，可以有效减少设计工作量。标准图集分为国家标准图集和地方标准图集。

国家建筑标准设计分有不同的专业，不同的专业有不同的代号。国家标准图集编号：建筑图集 J；结构图集 G；给排水图集 S；电气图集 D；弱电图集 X；暖通图集 K；动力专业图集 R；市政路桥图集 M；人防工程图集 F。

每个专业的图集又分有标准图、试用图、参考图、合订本等不同的类型。

国家建筑标准设计的编号由批准年代号、专业代号、类别号、顺序号、分册号组成，例如：11G101-1。

11	G	1	01	-1
批准年代号	结构专业代号 （试用图为 SG) （参考图为 CG)	图集类别号	顺序号	分册号

建筑专业的国家标准图集包括室外工程、墙体、屋面、楼地面、楼梯、装修、门窗及天窗、设计图示、综合项目等多套图集。

除国家标准图集之外，还有地方标准图集，如本工程采用的是河南省工程建设标准《12系列建筑标准设计图集》，如图 1.13 所示。

图 1.13 河南省《12 系列建筑标准设计图集》—12YJ9-1 室外工程

思考与练习

建筑工程有哪些室外工程?

第十三节 识读女儿墙、屋面的信息

通过本小节训练,你将能够:

1. 从屋顶施工图中查阅屋面的排水信息;
2. 从屋顶平面图和节点详图中查阅女儿墙的信息。

一、任务

(1) 请查阅 BIM 实训中心工程屋面的信息;

(2) 请查找 BIM 实训中心工程女儿墙的信息。

二、任务分析

(1) 屋面是否为上人屋面?屋顶的标高多少?屋面采用什么排水方式?屋面的排水坡度为多少?有几根雨水管?雨水管件怎么做?从哪张图中找到屋面做法?

(2) 从哪张图中找到女儿墙的尺寸?女儿墙的高度和厚度分别为多少?

三、任务实施

(1) 查阅建筑施工图的图纸目录,顶层平面图的图纸编号为建施-08,查阅建施-08,可知屋面的排水及构造情况。

(2) 在顶层平面图(建施-08 中)A 轴女儿墙位置处剖切详图索引,详图见建施-10 的详图 1。分析建施-10,详图 1 表示的是女儿墙的详细尺寸。

四、任务结果

(1) 分析建施-08 可知,屋面为不上人屋面,屋面的标高为 9.900m(结构标高),采用女儿墙檐沟排水,屋面的排水坡度为 2%,檐沟的排水坡度为 1%,设有 4 个雨水管。雨水管的直径为 110mm。图纸说明中标注出雨水管件组合做法参考 12YJ5-1,E2 页,节点 5。屋面做法查阅河南省《12 系列建筑标注设计图集》12YJ1 工程用料做法中的屋 105 做法。

(2) 分析建施-10 可知,本工程的女儿墙为异形女儿墙,女儿墙的高度为 900mm,女儿墙的压顶宽度为 950mm。

五、知识链接

1. 屋顶平面图

屋顶平面图是从建筑物上方向下所做的水平投影,主要是表明建筑物屋顶上的布置情况和屋顶排水方式。屋顶平面图上一般应表示出:女儿墙、檐沟、屋面坡度、分水线与雨水口、变形缝、楼梯间、水箱间、天窗、上人孔、消防梯及其他构筑物。屋顶平面图虽然比较简单,亦应与外墙详图和索引屋面细部构造详图对照。12YJI 屋 105 如图 1.14 所示。

	编号	名称	用料做法	参考指标	附注
地下室 楼地面 踢裙内墙 顶棚涂料 外墙	屋105 屋105A (隔气层)	水泥砂浆保护层屋面（不上人屋面）	1. 20厚1：2.5或M15水泥砂浆保护层 2. 隔离层：0.4厚聚乙烯膜一层 　或a.3厚发泡聚乙烯膜 　　b.200g/m² 聚酯无纺布 　　c.2厚石油沥青卷材一层 3. 防水层 4. 30厚C20细石混凝土找平层 5. 保温层 6. 20厚1：2.5水泥砂浆找平层 7. 最薄处30厚找坡2%找坡层：1：8水泥憎水型膨胀珍珠岩 　或a.1：8水泥加气混凝土碎块 　　b.1：6水泥焦碴 　　c.LC5.0轻骨料混凝土 8. 隔气层：1.5厚聚氨酯防水涂料 　或a.1.5厚氯化聚乙烯防水卷材 —用于屋105A 　　b.4厚SBS改性沥青防水卷材 9. 20厚1：2.5水泥砂浆找平层 10. 现浇钢筋混凝土屋面板	总厚度：100+δ 122+δ	1. 总厚度按最薄处计，且不包含防水层厚度。 2. 屋面防水层、保温层按屋面说明要求可在附表中选用。 3. 保温层厚度由建筑节能计算确定，δ表示保温层厚度。 4. 找坡层表面符合找平层相关要求时，其上部找平层可取消。 5. 屋面由结构找坡时，材料找坡层取消。 6. 屋105A为设置隔气层屋面；选用隔气层材料应验算确定。 7. 水泥砂浆保护层上也可粘贴不燃人造革作饰面。

图1.14　12YJI屋105

2. 女儿墙

女儿墙指的是建筑物凸出屋顶的矮墙，女儿墙在建筑上的主要作用，就是为了做好防水收头，也就是常说的女儿墙泛水，同时女儿墙还有保护人员安全、装饰建筑立面的作用。

女儿墙有混凝土压顶时，高度按楼板顶面至压顶底面为准；无混凝土压顶时，按楼板顶面算至女儿墙顶面为准。不同的规范中，对这女儿墙高度有不同要求，一般都是限制高度，因为女儿墙属于非结构构件，在地震时是不安全因素。

思考与练习

分析BIM实训中心工程的屋面构造，请说出屋面的保温层、防水层的详细做法。

第二章

建立建筑工程模型

通过本章节的学习，你将能够：

根据一个典型建筑工程图纸所示内容，使用三维建模软件建立一个完整的三维建筑模型。

第一节　准备工作

通过本节的学习，你将能够：

1. 正确设置室内外高差；

2. 定义楼层及统一设置各类构件混凝土强度等级；

3. 按图纸定义轴网。

一、新建工程

通过本小节的学习，你将能够：

1. 正确设置室内外高差；

2. 依据图纸定义楼层；

3. 依据图纸要求设置混凝土强度等级、砂浆强度等级。

（一）任务

根据 BIM 实训中心，在软件中完成新建工程的各项设置。

（二）任务分析

（1）软件中新建工程的各项设置都有哪些？

（2）室外地坪标高的设置是如何计算出来？

（3）各层对混凝土强度等级、砂浆强度等级的设置，对哪些操作有影响？

（4）工程楼层的设置，应依据建筑标高还是结构标高？区别是什么？

（5）基础层的标高应如何设置？

（三）任务实施

1. 新建工程

① 启动软件，进入如下界面"欢迎使用 GMT2014"，如图 2.1 所示（注意：本教材使用的建模软件版本号为 10.4.0.1185）。

图 2.1　进入界面

② 鼠标左键点击欢迎界面上的"新建向导"，进入新建工程界面，如图 2.2 所示。

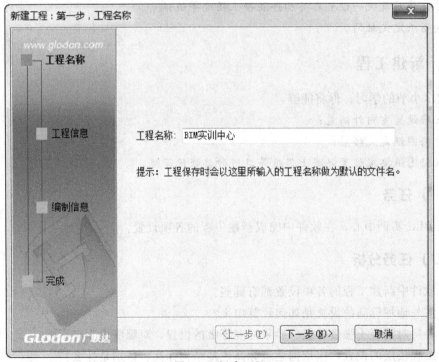

图 2.2　新建工程

工程名称：按工程图纸名称输入，保存时会作为默认的文件名。本工程名称输入为"BIM 实训中心"。

③ 点击"下一步"，进入"工程信息"界面。如图 2.3 所示。

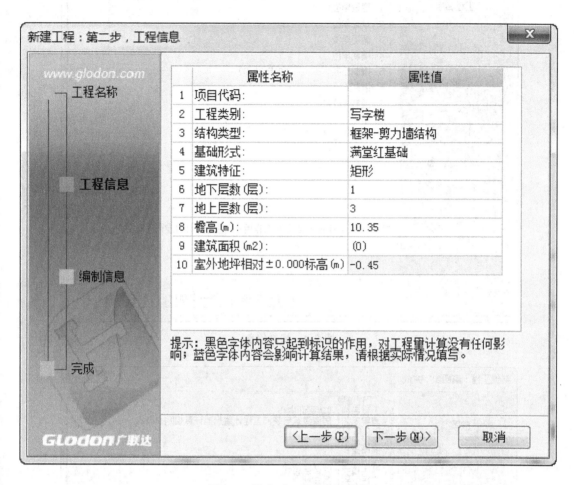

图 2.3 进入"工程信息"界面

在工程信息中，室外地坪相对±0.000 标高的数值，需要根据实际工程的情况进行输入。本 BIM 实训中心的信息输入如图 2.3 所示。

本工程属于框架-剪力墙结构，室外地坪相对±0.000 标高会影响到土方模型，可根据建施-9 中的室内外高差确定。

④ 点击"下一步"，进入"编制信息"界面，根据实际工程情况添加相应的内容，汇总时，会反应到报表里。如图 2.4 所示。

⑤ 点击"下一步"，进入"完成"界面，这里显示了工程信息和编制信息。如图 2.5 所示。

⑥ 点击"完成"，完成新建工程，切换到"工程信息"界面，该界面显示了新建工程的工程信息，供用户查看和修改。如图 2.6 所示。

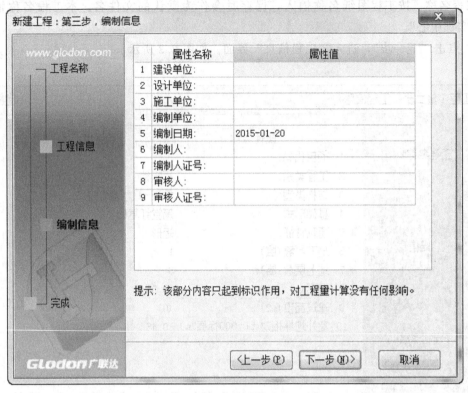

图 2.4　编制信息

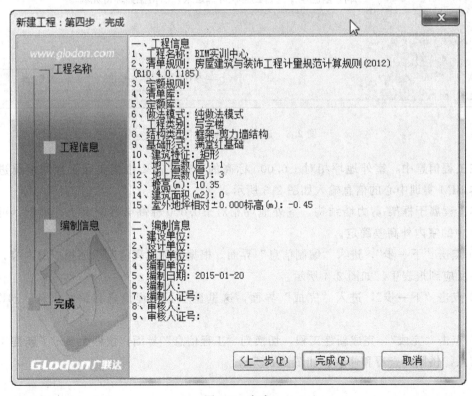

图 2.5　完成

	属性名称	属性值
1	⊟ 工程信息	
2	工程名称:	20141201
3	清单规则:	房屋建筑与装饰工程计量规范计算规则(2012)(R10.4.0.1185)
4	做法模式:	纯做法模式
5	项目代码:	
6	工程类别:	写字楼
7	结构类型:	框架-剪力墙结构
8	基础形式:	满堂红基础
9	建筑特征:	矩形
10	地下层数(层):	1
11	⊟ 地上层数(层):	3
12	檐高(m):	10.35
13	建筑面积(m2):	(0)
14	室外地坪相对±0.000标高(m):	-0.45
15	冻土厚度(mm):	0
16	编制信息	
17	建设单位:	
18	设计单位:	
19	施工单位:	
20	编制单位:	
21	编制日期:	2014-12-01
22	编制人:	
23	编制人证号:	
24	审核人:	
25	审核人证号:	

图 2.6　切换至工程信息

2. 建立楼层

(1) 分析图纸　层高的确定按照结施-04 中"结构层高"建立。

(2) 建立楼层

① 软件默认给出首层和基础层。在本工程中，基础层的筏板厚度为 550mm，在基础层的层高位置输入 0.55，板厚按照本层的筏板厚度输入为 550。

② 首层的结构底标高输入为－0.03，层高输入为 3.3m。鼠标左键选择首层所在的行，点击"插入楼层"，添加第 2 层，2 层的高度输入为 3.3m，最常用的板厚为 120mm。

③ 按照建立 2 层同样的方法，建立 3 层，3 层层高为 3.33m。点击基础层，插入楼层，地下一层的层高为 3.37m，最常用的板厚为 120mm。楼层设置完毕，如图 2.7 所示。

(3) 标号设置　从"结构设计总说明（一）"第四条第一点中可知各层构件混凝土强度等级以及砂浆强度等级；从第四条第九点可知本工程各部位钢筋的保护层最小厚度。

在楼层设置下方是软件中的强度等级设置，是集中统一管理构件混凝土强度等级、类型，砂浆强度等级、类型；对应构件的强度等级设置好后，在绘图输入新建构件时，会自动取这里设置的强度等级值。

建立好楼层后，可将首层混凝土强度等级复制到其他楼层，如图 2.8 所示。

插入楼层　删除楼层　上移　下移

	楼层序号	名称	层高(m)	首层	底标高(m)	相同层数	现浇板厚(mm)	建筑面积(m2)	备注
1	4	女儿墙	0.900	☐	9.900	1	120		
2	3	第3层	3.330	☐	6.570	1	120		
3	2	第2层	3.300	☐	3.270	1	120		
4	1	首层	3.300	☑	-0.030	1	120		
5	-1	第-1层	3.370	☐	-3.400	1	120		
6	0	基础层	0.550		-3.950	1	120		

标号设置 [当前设置楼层: 首层, -0.030 ~ 3.270]

	构件类型	砼标号	砼类别	砂浆标号	砂浆类别	备注
1	基础	C30	预拌砼	M5	混合砂浆	包括除基础梁、垫层以外的基础构件
2	垫层	C15	预拌砼	M5	混合砂浆	
3	基础梁	C30	预拌砼			
4	砼墙	C30	预拌砼			包括连梁、暗梁、端柱、暗柱
5	砌块墙			M5	混合砂浆	
6	砖墙			M5	混合砂浆	
7	石墙			M5	混合砂浆	
8	梁	C30	预拌砼			
9	圈梁	C25	预拌砼			
10	柱	C30	预拌砼	M5	混合砂浆	包括框架柱、框支柱、普通柱、芯柱
11	构造柱	C25	预拌砼			
12	现浇板	C30	预拌砼			包括螺旋板、柱帽
13	预制板	C25	预拌砼			
14	楼梯	C30	预拌砼			包括楼梯类型下的楼梯、直形梯段、螺旋梯段
15	其他	C25	预拌砼	M5	混合砂浆	除上述构件类型以外的其他混凝土构件类型

图 2.7　楼层设置

注：砼＝混凝土；标号＝强度等级。

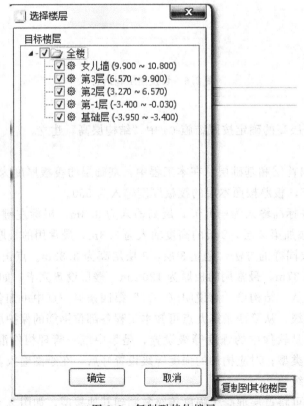

图 2.8　复制到其他楼层

（四）任务结果

如图 2.7、图 2.8 所示。

二、建立轴网

通过本小节学习，你将能够：

按照建筑图与结施图完成轴网定义和建立轴网。

（一）任务

根据 BIM 实训中心工程图纸，在软件中完成轴网建立。

（二）任务分析

（1）建施图与结施图中采用什么图的轴网最全面？

（2）轴网中上、下、左、右开间如何确定？

（三）任务实施

1. 建立轴网

楼层建立完毕后，切换到"绘图输入"界面。首先，建立轴网。施工时是用放线来定位建筑物的位置，使用软件做工程时则是用轴网来定位构件的位置。

（1）分析图纸　由建施-05 可知该工程的轴网是简单的正交轴网，上下开间轴距相同，左右进深轴距也都相同。

（2）轴网的定义

① 切换到绘图输入界面之后，选择导航栏构件树中的"轴网"，点右键，选择定义；软件切换到轴网的定义界面。

② 点击"新建"，选择"新建正交轴网"，新建"轴网-1"，如图 2.9 所示。

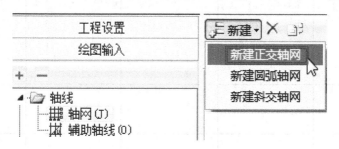

图 2.9　新建"轴网-1"

③ 输入下开间，在"常用值"下面的列表中选择要输入的轴距，双击鼠标即添加到轴距中；或者在添加按钮下的输入框中输入相应的轴网间距，点击"添加"按钮或回车即可；按照图纸从左到右的顺序，下开间依次输入 3300，6000，6000，6000，3300；因为上下开间轴距相同，所以上开间可以不输入。

④ 切换到"左进深"的输入界面，按照图纸从下到上的顺序，依次输入左进深的轴距为 6000，3000，6000；因为左右进深轴距相同，所以右进深可以不输入。

⑤ 可以看到，右侧的轴网图显示区域，已经显示了定义的轴网，轴网定义完成（见图2.11）。

2. 轴网的绘制

（1）绘制轴网

① 轴网定义完毕后，点击"绘图"按钮，切换到绘图界面。

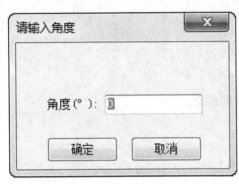

图2.10 输入角度

② 弹出"请输入角度"对话框，提示用户输入定义轴网需要旋转的角度。本工程轴网为水平竖直向的正交轴网，旋转角度按软件默认输入"0"即可。如图2.10所示。

③ 点击"确定"，绘图区显示轴网，绘制完成。这样，就完成了对本工程轴网的定义和绘制。

（2）轴网的其他功能

① 设置插入点　用于轴网拼接，可以任意设置插入点（不在轴线交点处或在整个轴网外都可以设置）。

② 修改轴号，修改轴距　当检查已经绘制的轴网有错误的时候，可以直接修改。

③ 软件提供了辅轴轴线，用于构件辅轴定位。辅轴在任意图层都可以直接添加。辅轴主要有：两点、平行、点角、圆弧。

（四）任务结果

完成轴网如图2.11所示。

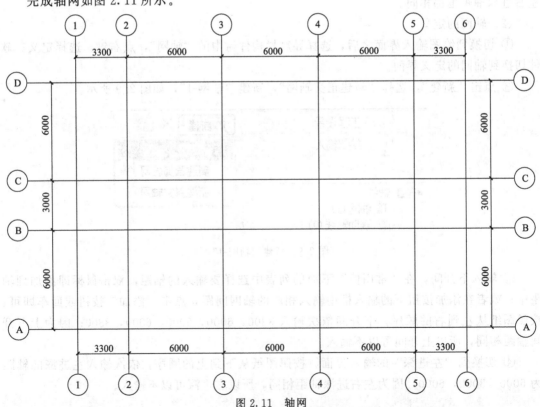

图2.11 轴网

（五）知识链接

（1）在新建工程中，主要确定工程名称、室内外高差。

（2）首层标记 在楼层列表中的首层列，可以选择某一层作为首层。勾选后，该层作为首层，相邻楼层的编码自动变化，基础层的编码不变。

（3）底标高 是指各层的结构底标高；软件中只允许修改首层的底标高，其他层标高自动按层高反算。

（4）相同板厚 是软件给的默认值，可以按工程图纸中最常用的板厚设置；在绘图输入新建板时，会自动默认取这里设置的数值。

（5）建筑面积 是指各层建筑面积图元的建筑面积工程量；为只读。

（6）可以按照结构设计总说明，对应构件选择强度等级和类型；对修改的强度等级和类型，软件会以反色显示。在首层输入相应的数值完毕后，可以使用右下角的"复制到其他楼层"命令，把首层的数值复制到参数相同的楼层。各个楼层的强度等级设置完成后，就完成了对工程楼层的建立，可以进入绘图输入进行建模。

（7）有关轴网的编辑、辅轴轴线的详细操作，请查阅"帮助"菜单中的"文字帮助"——绘图输入轴线。如图 2.12 所示。

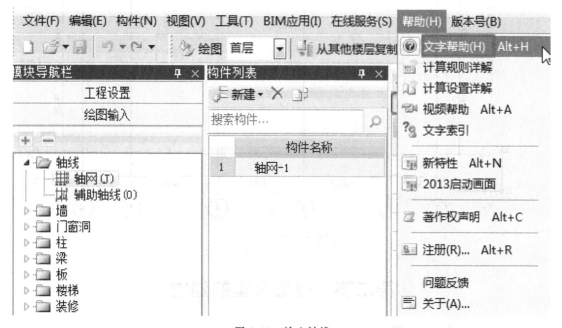

图 2.12 输入轴线

（8）建立轴网时，输入轴距的两种方法：常用的数值可以直接双击；常用值中没有的数据直接添加即可。

（9）当上下开间或者左右进深轴距不一样的时候（即错轴），可以使用轴号自动生成将轴号排序。

（10）比较常用的建立辅助轴线的功能：二点辅轴（直接选择两个点绘制辅助轴线）；平行辅轴（建立平行于任意一条轴线的辅助轴线）；圆弧辅轴（可以通过选择三个点绘制辅助轴线）。

（11）在任何界面下都可以添加辅轴。轴网绘制完成后，就进入"绘图输入"部分。绘图输入部分可以按照后面章节的流程进行。

（12）软件的页面介绍如图 2.13 所示。

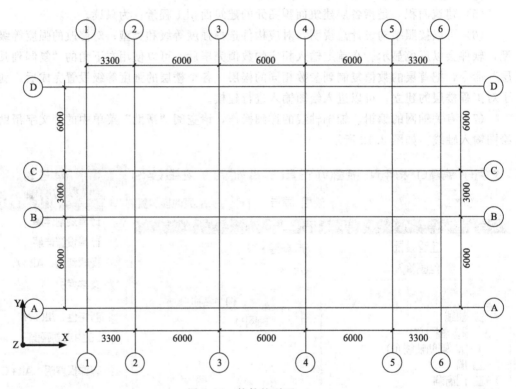

图 2.13　软件的页面

第二节　首层模型的建立

通过本节的学习，你将能够：

1. 定义柱、剪力墙、梁、板、门窗等构件；

2. 绘制柱、剪力墙、梁、板、门窗等图元；

3. 掌握端柱、非框架梁在 GMT2014 软件中的处理方法。

一、首层柱的绘制

通过本小节的学习，你将能够：

1. 依据图纸确定柱的分类；

2. 定义框架柱、参数化柱的属性；

3. 绘制首层柱图元。

（一）　任务

（1）完成首层框架柱、参数化柱的定义。

（2）绘制首层柱图元。

（二）　任务分析

（1）各种柱在模型中的主要尺寸是哪些？从什么图中什么位置找到？有多少种柱？

（2）软件如何定义各种柱？各种异形截面端柱如处理？

（3）构件属性、图元之间什么关系？

（三）　任务实施

1. 分析图纸

（1）本工程属于框架剪力墙结构，首层柱有构造边缘端柱和框架柱两种，在结施-09中可以得到柱的截面信息。

（2）主要信息如表2.1所示。

表 2.1　主要信息

序号	类型	名称	混凝土强度等级	截面尺寸/mm	标高/m	备注
1	矩形框架柱	KZ1	C30	500×500	−0.030～+9.900	
2	构造边缘端柱	GBZ1	C30	详见结施-09 柱截面尺寸	−0.030～+9.900	
		GBZ2	C30		−0.030～+9.900	
		GBZ3	C30		−0.030～+9.900	
		GBZ4	C30		−0.030～+9.900	
		GBZ5	C30		−0.030～+9.900	

2. 柱的定义

（1）矩形框架柱 KZ1

① 在模块导航栏中点击"柱"使其前面的"＋"展开，点击"柱"，点击"定义"按钮，进入柱的定义界面，点击构件列表中的"新建"，选择"新建矩形柱"。如图 2.14 所示。

② 框架柱的属性定义。如图 2.15 所示。

（2）参数化端柱 GBZ1

① 新建柱，选择"新建参数化柱"，如图 2.16 所示。

② 在弹出的"选择参数化图形"对话框中，选择 L-b 形，参数输入 $a=200$，$b=650$，$c=200$，$d=200$。如图 2.17 所示。

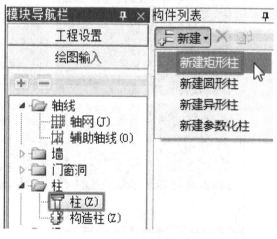

图 2.14　新建矩形柱

图 2.15　框架柱的属性定义　　　　　　　　图 2.16　新建参数化柱

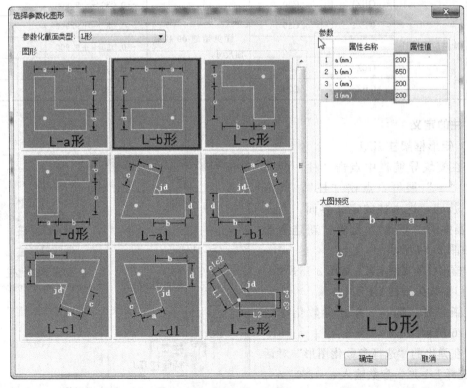

图 2.17　输入参数

图 2.18　柱属性

③ 参数化柱属性。如图 2.18 所示。

（3）其他参数化端柱的定义参考 GBZ1。

3. 柱的画法讲解

柱定义完毕后，点击"绘图"按钮，切换到绘图界面。

（1）点绘制　通过构件列表选择要绘制的构件 KZ1，鼠标捕捉 3 轴与 D 轴的交点，直接点击鼠标左键，就完成了柱 KZ1 的绘制。如图 2.19 所示。

（2）偏移绘制　常用于绘制不在轴线交点处的柱，1 轴上的 GBZ5，不能直接用鼠标选择点绘制，需要使用"shift 键＋鼠标左键"相对于基准点偏移绘制。

① 把鼠标放在 1 轴和 D 轴的交点处，同时按下键盘上的"shift"键和鼠标左键，弹出"输入偏移量"对话框；由图纸可知，GBZ5 的中心相对于 1 轴和 D 轴交点向下偏移 1450mm，在对话框中输入 $X=$ "0"，$Y=$ "−1450"；表示水平向偏移量为 0，竖直方向向下偏移 1450mm。如图 2.20 所示。

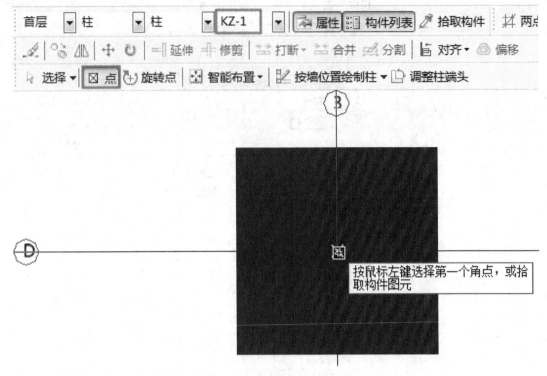

图 2.19 完成柱的绘制

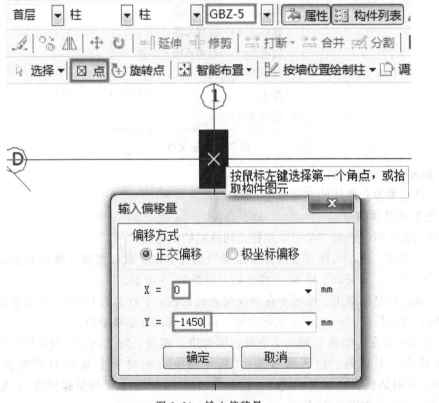

图 2.20 输入偏移量

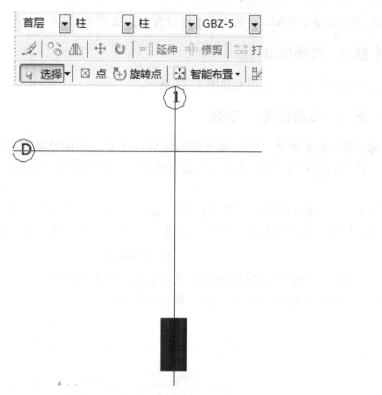

图 2.21 偏移至指定位置

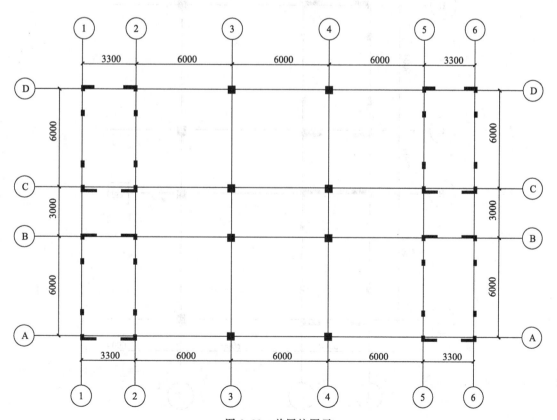

图 2.22 首层柱图元

② 点击确定，GBZ5 就偏移到指定位置了。如图 2.21 所示。

（四） 任务结果

绘制完成后的首层柱图元如图 2.22 所示。

（五） 知识链接：镜像

通过图纸分析可知，1～3 轴之间的柱与4～6 轴之间的柱是对称的，因此在绘图时可以使用一种简单的方法：先绘制 1～3 轴之间的柱，然后使用"镜像"功能绘制 4～6 轴之间的柱。

选中 1～3 轴间的柱，右键"镜像"，把显示栏的"中点"点中，补捉 3～4 轴的中点，可以看到屏幕上有个黄色的三角形，如图 2.23 所示，选中第二点，如图 2.24，确定即可。

思考与练习

1. 在绘图界面怎样调出柱属性编辑框对图元属性进行修改？

2. 在参数化柱模型里面找不到的异形柱如何定义？

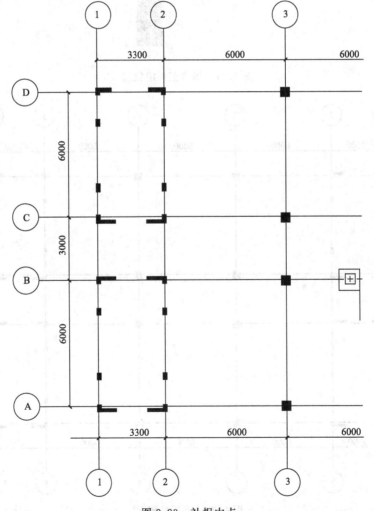

图 2.23　补捉中点

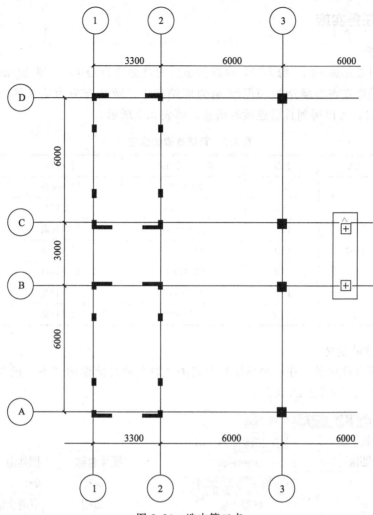

图 2.24 选中第二点

二、首层剪力墙、连梁的绘制

通过本小节的学习，你将能够：

1. 定义剪力墙、连梁的属性；

2. 绘制剪力墙、连梁图元。

（一） 任务

（1）完成首层剪力墙、连梁的定义。

（2）绘制首层剪力墙、连梁图元。

（二） 任务分析

（1）剪力墙、连梁在模型中的主要尺寸是哪些？从什么图中什么位置找到？

（2）当剪力墙墙中心线与轴线不重合时如何处理？

（三） 任务实施

1. 分析图纸

（1）分析图纸结施-08、结施-09，可以知道剪力墙编号为 Q-1，墙厚 200mm。

（2）连梁是指在剪力墙结构和框架-剪力墙结构中，两端与剪力墙在平面内相连的梁。分析图纸结施 11，可以得到首层连梁的信息，如表 2.2 所示。

表 2.2　首层连梁的信息

序号	类型	名称	截面尺寸/mm	顶标高	备注
1	连梁	LL1	200×450	层顶标高	
		LL2	200×400	层顶标高	
		LL3	200×400	层顶标高	
		LL4	200×450	层顶标高	
		LL5	200×400	层顶标高	
		LL6	200×450	层顶标高	
		LL9	200×400	层顶标高	

2. 构件属性的定义

（1）剪力墙属性定义　在模块导航栏中点击"墙"使其前面的"＋"展开，点击"墙"然后"新建外墙"。如图 2.25 所示。

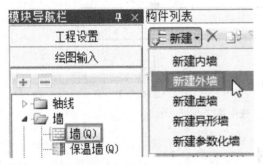

图 2.25　新建外墙

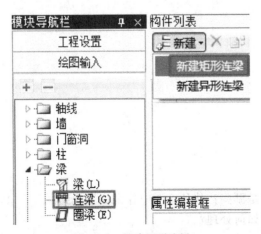

图 2.27　新建矩形连梁

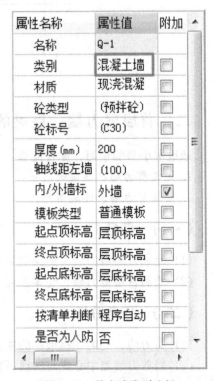

图 2.26　剪力墙类别选择

在属性编辑框中对图元属性进行编辑，注意剪力墙类别选择混凝土墙。如图 2.26 所示。

（2）连梁属性定义　在模块导航栏中点击"梁"使其前面的"＋"展开，点击"连梁"然后"新建矩形连梁"。如图 2.27 所示。

在属性编辑框中对图元属性进行编辑，如图 2.28 所示。

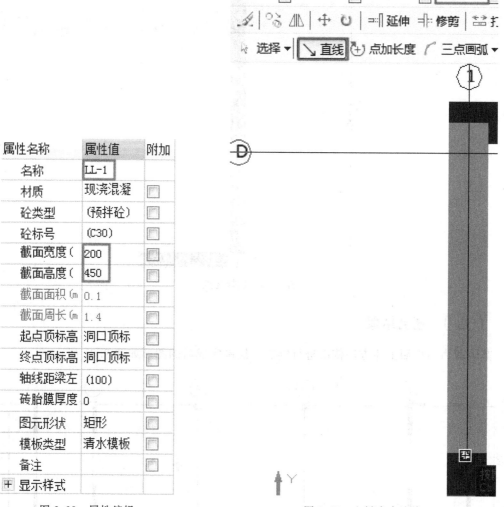

图 2.28　属性编辑　　　　　　图 2.29　左键点击连线

3. 画法讲解

（1）剪力墙的画法　剪力墙定义完毕后，点击"绘图"按钮，切换到绘图界面。本工程剪力墙的绘制采用直线绘制。

通过构件列表选择要绘制的构件 Q-1，按照图纸所示的剪力墙的位置，鼠标左键点击 Q-1 的起点至 GBZ1 柱的中心，鼠标左键点击 Q-1 的终点至 GBZ-5 柱的中心即可，如图 2.29所示。

（2）连梁的画法　连梁定义完毕后，点击"绘图"按钮，切换到绘图界面。本工程连梁的绘制采用直线绘制。按照结施-11 所示连梁位置，以 1 轴上 C、D 轴之间的 LL1 为例进行绘制，选择其间的 GBZ5 为起点，选择其下方的 GBZ5 为终点。如图 2.30 所示。

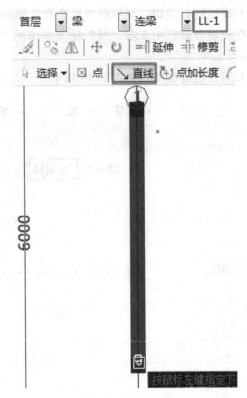

图 2.30　选择终点

（四）　任务结果

其他剪力墙也照上述方法依次进行绘制，绘制完成后的图形如图 2.31 所示。

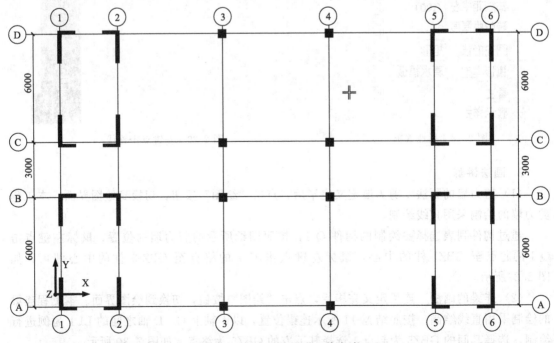

图 2.31　完成后的图形（剪力墙）

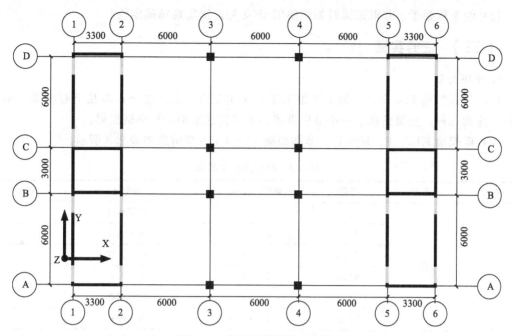

图 2.32　完成后的图形（连梁）

其他连梁也照上述方法依次进行绘制，绘制完成后的图形如图 2.32 所示。

（五）　知识链接

（1）虚墙只起分割房间的作用。

（2）在对构件进行属性编辑时，"属性编辑框"中有两种颜色的字体：蓝色字体和灰色字体。蓝色字体显示的是构件的公有属性，灰色字体显示的是构件的私有属性，对公有属性部分进行操作，所做的改动对所有同名称构件起作用。

（3）对"属性编辑框"中"附加"进行勾选，方便用户对所定义的构件进行查看和区分。

三、首层梁的绘制

通过本小节的学习，你将能够：

1. 定义框架梁、非框架梁的属性；

2. 绘制框架梁、非框架梁图元。

（一）　任务

（1）完成首层框架梁、非框架梁的定义。

（2）绘制首层框架梁、非框架梁图元。

（二）　任务分析

（1）框架梁、非框架梁在模型中的主要尺寸有哪些？从什么图中什么位置找到？有多少种梁？

（2）绘制框架梁、非框架梁时如何使用 shift 加左键实现精确定位？

（三） 任务实施

1. 图纸分析

（1）分析结施-11，3.270 梁平法施工图，从左至右、从上至下，本层有框架梁、非框架梁、连梁三种，连梁已在上一小节中讲述，本节讲述框架梁和非框架梁。

（2）框架梁 KL7、8、10～13，非框架梁 L1～L4 主要信息如表 2.3 所示。

表 2.3　框架梁主要信息

序号	类型	名称	截面尺寸/mm	顶标高	备注
1	框架梁	KL7	200×600	层顶标高	
		KL8	200×600	层顶标高	
		KL10	200×600	层顶标高	
		KL11	200×600	层顶标高	
		KL12	200×600	层顶标高	
		KL13	200×600	层顶标高	
2	非框架梁	L1	200×400	层顶标高	
		L2	200×450	层顶标高	
		L3	200×400	层顶标高	
		L4	200×500	层顶标高	

2. 梁的定义

（1）框架梁　在模块导航栏中点击"梁"使其前面的"＋"展开，点击"梁"，点击"定义"按钮，进入梁的定义界面，点击构件列表中的"新建"，选择"新建矩形梁"。如图 2.33 所示。

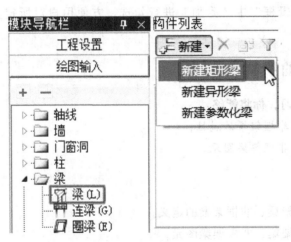

图 2.33　新建矩形梁

新建矩形梁 KL13，根据结施-11，在属性编辑器中输入相应的属性值。如图 2.34 所示。

（2）非框架梁，其定义方法与框架梁相同。如图 2.35 所示。

属性名称	属性值	附
名称	KL-13	
类别1	框架梁	☐
类别2	单梁	☐
材质	现浇混凝	☐
砼类型	(预拌砼)	☐
砼标号	(C30)	☐
截面宽度(	200	☐
截面高度(	600	☐
截面面积(m	0.12	☐
截面周长(m	1.6	☐
起点顶标高	层顶标高	☐
终点顶标高	层顶标高	☐
轴线距梁左	(100)	☐
砖胎膜厚度	0	☐
是否计算单	否	☐
图元形状	矩形	☐
模板类型	普通模板	☐
是否为人防	否	☐

图 2.34　输入属性值

属性名称	属性值	附
名称	L-1	
类别1	非框架梁	☐
类别2	单梁	☐
材质	现浇混凝	☐
砼类型	(预拌砼)	☐
砼标号	(C30)	☐
截面宽度(	200	☐
截面高度(	400	☐
截面面积(m	0.08	☐
截面周长(m	1.2	☐
起点顶标高	层顶标高	☐
终点顶标高	层顶标高	☐
轴线距梁左	(100)	☐
砖胎膜厚度	0	☐

图 2.35　定义非框架梁

3. 梁绘制方法讲解

直线绘制：在绘图界面，点击直线，点击梁 KL13 的起点至 GBZ2 的中点，点击梁的终点 GBZ2 的中点即可。如图 2.36 所示。

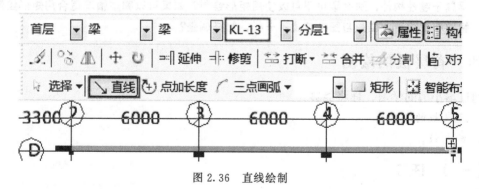

图 2.36　直线绘制

（四）　任务结果

参照 KL13 以及 L1 属性的定义方法，将 KL7、8、10～12、L2～L4 按图纸要求定义。用直线、对齐等方法将 KL7、8、10～12、L2～L4 按图纸要求绘制。绘制完如图 2.37 所示。

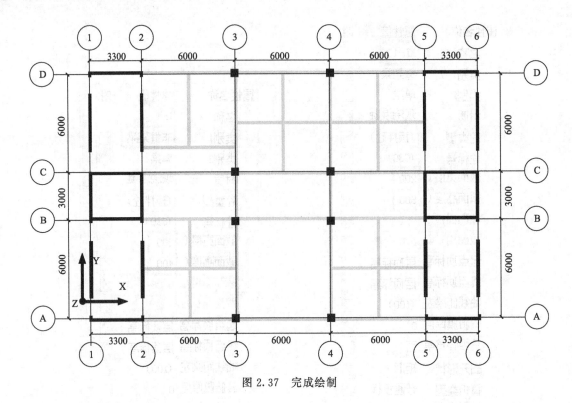

图 2.37 完成绘制

（五） 知识链接

（1）选择图元，右键点击属性编辑框可以单独修改该梁的私有属性。

（2）绘制梁构件时，一般先横向后竖向，先框架梁后非框架梁，避免遗漏。

思考与练习

1. 梁属于线性构件，那么梁可不可以使用矩形绘制？如果可以哪些情况适合用矩形绘制？

2. 智能布置梁后，位置与图纸位置不一样，怎样调整？

四、首层板的绘制

通过本小节的学习，你将能够：

1. 定义板的属性；

2. 绘制板。

（一） 任务

（1）完成首层板的定义。

（2）绘制首层板图元。

（二） 任务分析

（1）首层板在模型中的主要尺寸有哪些？从什么图中什么位置找到？有多少种板？

（2）板的绘制方法有几种？

（三） 任务实施

1. 分析图纸

分析结施-15可以从中得到板的截面信息，包括各层楼板的厚度，主要信息如表2.4所示。

表2.4 板的主要信息

序号	类型	板厚 h/mm	板顶标高	备注
1	屋面板	120	层顶标高	
2	二层楼板	100	层顶标高	
3	一层楼板	100	层顶标高	
4	负一层楼板	180	层顶标高	

2. 板的定义

（1）在模块导航栏中点击"板"使其前面的"＋"展开，点击"现浇板"，点击"定义"按钮，进入现浇板的定义界面，点击构件列表中的"新建"，选择"新建现浇板"。如图2.38所示。

（2）新建首层现浇板XB1，根据图纸中的尺寸标注，在属性编辑器中输入相应的属性值。如图2.39所示。

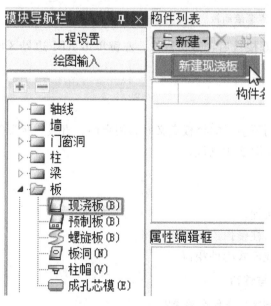

图2.38 新建现浇板

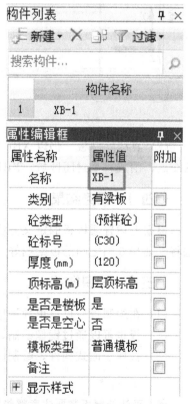

图2.39 输入首层现浇板的属性

3. 板绘制方法讲解

（1）点画绘制板　以 XB1 为例，定义好楼板后，点击点画，在 XB1 区域单击左键，WB1 即可布置。如图 2.40 所示。

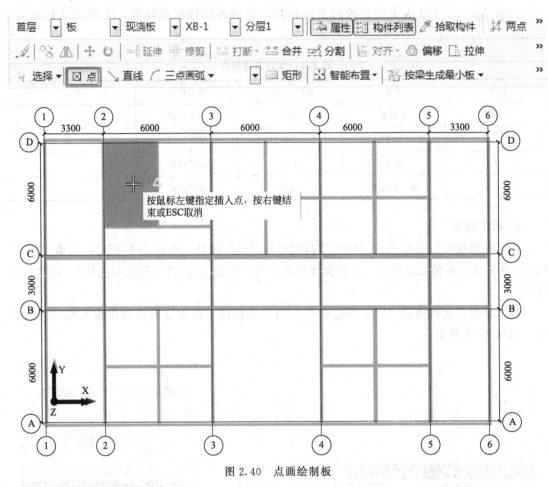

图 2.40　点画绘制板

（2）直线绘制板　仍以 XB1 为例，定义好楼板后，点击直线，左键单击 XB1 边界区域的交点，围成一个封闭区域，XB1 即可布置。如图 2.41 所示。

（四）任务结果

根据上述普通楼板的定义方法，将本层剩下楼层的楼板定义好。用点画、直线、矩形等法将 1 轴与 6 轴之间的板绘制好。绘制完后如图 2.42 所示。

（五）知识链接

（1）在绘制板后可以单独调整某块板的属性。

（2）板也可以通过镜像绘制，绘制方法与柱镜像绘制方法相同。

（3）板属于面式构件，绘制的方法和其他面式构件相似。

思考与练习

用点画法绘制板需要注意哪些事项，对绘制区域有什么要求？

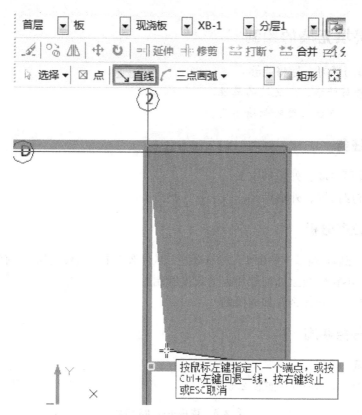

图 2.41　直线绘制板

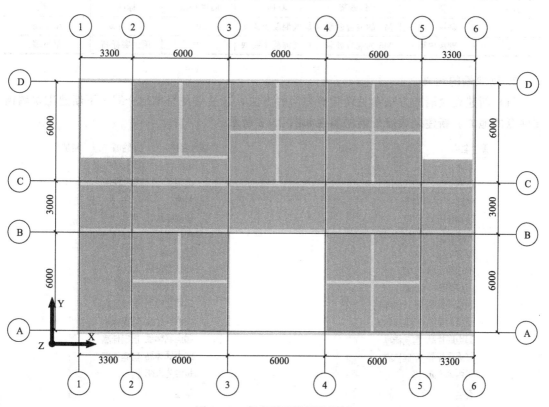

图 2.42　完成剩下楼层的绘制

五、首层填充墙的绘制

通过本小节的学习，你将能够：

1. 区分内墙与外墙、定义墙的属性；

2. 运用直线、点加长度绘制墙图元。

（一） 任务

（1）完成首层内墙、外墙的定义。

（2）绘制首层内墙、外墙图元。

（二） 任务分析

（1）首层填充墙在模型中的主要尺寸有哪些？从什么图中什么位置找到？有多少种类的墙？

（2）填充墙不在轴线上如何使用点加长度绘制？

（3）虚墙的作用是什么？如何绘制？

（三） 任务实施

1. 分析图纸

分析建施-01、建施-05，如表 2.5 所示。

表 2.5　建施-01、05 信息

序号	类型	砌筑砂浆	材质	墙厚/mm	标高	备注
1	砌块外墙	M5 的混合砂浆	加气混凝土砌块	200	层底标高	梁下墙
2	砌块内墙	M5 的混合砂浆	加气混凝土砌块	200	顶梁底标高	梁下墙

2. 砌块墙的定义

（1）新建砌块墙的方法参见新建剪力墙的方法，这里只是简单地介绍一下新建砌块墙需要注意的地方。新建砌块墙外墙的属性如图 2.43 所示。

属性名称	属性值	附加
名称	填充墙外墙	
类别	加气块墙	☐
材质	砌块	☐
砂浆标号	(M5)	☐
砂浆类型	(混合砂浆)	☐
厚度(mm)	200	☐
轴线距左墙	(100)	☐
内/外墙标	外墙	☑
起点顶标高	顶梁底标高	☐
终点顶标高	顶梁底标高	☐
起点底标高	层底标高	☐
终点底标高	层底标高	☐
是否为人防	否	☐
备注		☐

属性名称	属性值	附加
名称	填充墙内墙	
类别	加气块墙	☐
材质	砌块	☐
砂浆标号	(M5)	☐
砂浆类型	(混合砂浆)	☐
厚度(mm)	200	☐
轴线距左墙	(100)	☐
内/外墙标	内墙	☑
起点顶标高	层顶标高	☐
终点顶标高	层顶标高	☐
起点底标高	层底标高	☐
终点底标高	层底标高	☐
是否为人防	否	☐
备注		☐

图 2.43　新建砌块墙外墙的属性　　　　图 2.44　新建砌块墙内墙的属性

（2）内/外墙标志　外墙和内墙要区别定义，会影响其他构件的智能布置。新建砌块墙内墙的属性如图 2.44 所示。

3. 虚墙的定义

虚墙只起分割房间作用。在 C 轴上，2、3 轴之间以及 B 轴上，3、4 轴之间，分别绘制两段虚墙，主要起分割封闭作用，新建虚墙后其属性如图 2.45 所示。

属性名称	属性值	附加
名称	虚墙	
类别	虚墙	☐
厚度(mm)	200	☐
轴线距左墙	(100)	☐
内/外墙标	内墙	☑
模板类型	普通模板	☐
起点顶标高	层顶标高	☐
终点顶标高	层顶标高	☐
起点底标高	层底标高	☐
终点底标高	层底标高	☐
是否为人防	否	
备注		☐
⊞ 显示样式		

图 2.45　虚墙属性

4. 画法的讲解

绘制墙体时，主要采用直线的画法，以 D 轴上，1、2 轴之间的外墙为例，以 GBZ1 的中点为起点，以 GBZ2 的中点为终点，绘制直线。如图 2.46 所示。

（四）　任务结果

按照上面讲解的直线的画法，把各轴上的砌块外墙、内墙、虚墙绘制好。如图 2.47 所示。

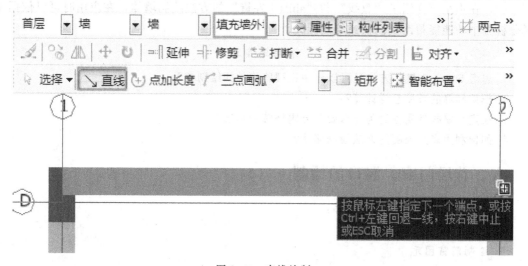

图 2.46　直线绘制

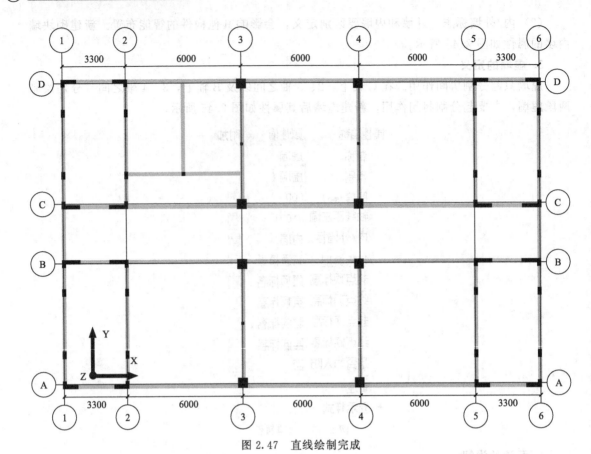

图 2.47　直线绘制完成

（五）　知识链接

（1）Shift＋左键，绘制偏移位置的墙体。在直线绘制墙体的状态下，按住 shift 同时点击 2 轴和 D 轴上 GBZ2 的中点，弹出"输入偏移量"的对话框，在"$X=$"的地方输入"3000"，点击"确定"，然后向着垂直 C 轴的方向绘制墙体，即可绘制此段内墙。

（2）在本小节介绍了"直线"和"shift＋左键"的方法绘制墙体，在应用时可以依据图纸分析哪个功能能帮助我们快速绘制图元。

思考与练习

1. 思考 Shift＋左键的方法还可以应用在哪些构件的绘制中？

2. 框架间墙的长度怎样计算？

3. 在定义墙构件属性时为什么要区分内外墙的标志？

4. 如何利用点加长度的方法绘制墙体？

六、首层门窗、洞口的绘制

通过本小节的学习，你将能够：

1. 定义门窗洞口；

2. 绘制门窗图元。

（一） 任务

（1）完成首层门窗、洞口的定义。

（2）完成首层门窗、洞口的图元绘制。

（3）使用精确和智能布置绘制门窗。

（二） 任务分析

（1）首层门窗的尺寸种类有多少？

（2）影响门窗位置的离地高度如何设置？

（3）门窗在墙中是如何定位的？

（三） 任务实施

1. 分析图纸

分析图纸建施-02、建施-05、建施-09、建施-10，得到本工程所有门窗的信息见表2.6。

表2.6　门窗的信息

序号	名称	数量/个	宽/mm	高/mm	离地高度/mm	备注
1	M0921	6	900	2100	0	
2	M1521	27	1500	2100	0	
3	M1524	2	1500	2400	0	
4	MLC-1	1	3300	2400	0	
5	FM 乙 1521	8	1500	2100	0	
6	C1518	4	1500	1800	900	
7	C1818	46	1800	1800	900	

2. 构件属性的定义

（1）门的属性定义　新建"矩形门M0921"，如图2.48所示。

属性定义如图2.49所示。

① 洞口宽度，洞口高度　从门窗表中可以直接得到。

② 框厚　输入门实际的框厚尺寸，对墙面块料面积的计算有影响，本工程输入"0"。

③ 立樘距离　门框中心线与墙中心间的距离，默认为"0"。如果门框中心线在墙中心线左边，该值为负，否则为正。

④ 框左右扣尺寸、框上下扣尺寸　如果计算规则要求门窗按框外围计算，输入框扣尺寸。

（2）窗的属性定义　新建"矩形窗C1518"，如图2.50所示。

属性定义如图2.51所示。

（3）门联窗的属性定义　新建"门联窗"，从建施-02中可以得到门联窗的具体信息，本工程的门联窗分左右两部分，在定义时，可以依据窗在门的左或右的位置定义，如图2.52所示。

窗靠门右侧的门联窗属性定义如图2.53所示。

窗靠门左侧的门联窗属性定义如图2.54所示。

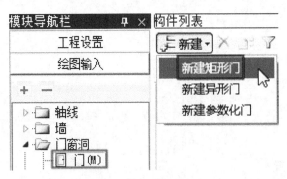

图 2.48 新建矩形门

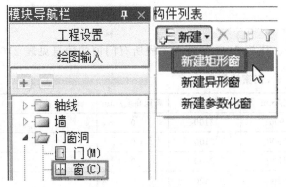

图 2.50 新建矩形窗

属性名称	属性值	附加
名称	M-0921	
洞口宽度(	900	
洞口高度(	2100	
框厚(mm)	60	
立樘距离(	0	
离地高度(	0	
是否随墙变	否	
框左右扣尺	0	
框上下扣尺	0	
框外围面积	1.89	
洞口面积(m	1.89	
是否为人防	否	
备注		

图 2.49 矩形门属性定义

属性名称	属性值	附加
名称	C-1518	
类别	普通窗	
洞口宽度(	1500	
洞口高度(	1800	
框厚(mm)	60	
立樘距离(	0	
离地高度(	900	
是否随墙变	否	
框左右扣尺	0	
框上下扣尺	0	
框外围面积	2.7	
洞口面积(m	2.7	
备注		

图 2.51 矩形窗属性定义

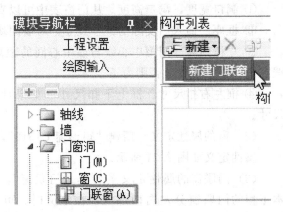

图 2.52 新建门联窗

属性名称	属性值	附加
名称	MC-1	
洞口宽度(	1650	☐
洞口高度(	2400	☐
窗宽度(mm)	600	☐
框厚(mm)	60	☐
立樘距离(	0	☐
窗距门相对	0	☐
窗位置	靠右	☑
门离地高度	0	☐
是否随墙变	否	☐
门框左右扣	0	☐
门框上下扣	0	☐
窗框左右扣	0	☐
窗框上下扣	0	☐
门框外围面	2.52	☐

属性名称	属性值	附加
名称	MC-2	
洞口宽度(	1650	☐
洞口高度(	2400	☐
窗宽度(mm)	600	☐
框厚(mm)	60	☐
立樘距离(	0	☐
窗距门相对	0	☐
窗位置	靠左	☑
门离地高度	0	☐
是否随墙变	否	☐
门框左右扣	0	☐
门框上下扣	0	☐
窗框左右扣	0	☐
窗框上下扣	0	☐
门框外围面	2.52	☐

图 2.53　门联窗属性定义（右侧）　　　　图 2.54　门联窗属性定义（左侧）

3. 门窗洞口的画法讲解

门窗洞构件属于墙的附属构件，也就是说门窗洞构件必须绘制在墙上。通常采用点画法。门窗最常用的是"点"绘制。对于模型来说，一段墙扣减门窗洞口面积，只要门窗绘制在墙上就可以，一般对于位置要求不用很精确，所以直接采用点绘制即可，但是在建模过程中，需要精确定义门窗的定义。在点绘制时，软件默认开启动态输入的数值框，可以直接输入一边距墙端头的距离，或通过"Tab"键切换输入框。以 D 轴上、1、2 轴墙体之间的 C1818 为例，在建施-05 中，可以看到该窗左侧端点距 1、D 轴交点的距离为 750。如图 2.55 所示。

图 2.55　点 1、D 轴间距离

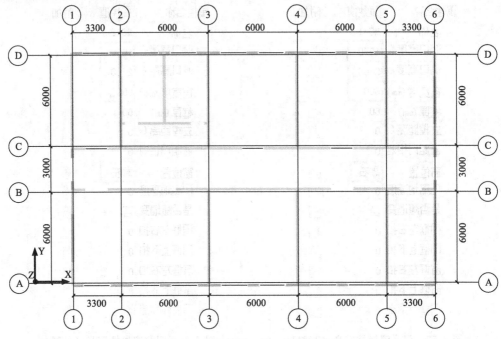

图 2.56　绘制门、窗、门联窗完毕

（四）　任务结果

依照上述绘制方法，将一层所有门、窗、门联窗绘制完毕，结果如图 2.56 所示。

（五）　知识链接

分析建施-05，位于 D 轴上 1～3 轴的位置的 C1818 和 A 轴上 1～3 轴的位置的 C1818 是一样的，应用"复制"或"镜像"可以快速的绘制 C1818。镜像方法同柱的镜像，在此不再叙述。下面讲解一下复制，选中 D 轴上 1～3 轴的位置的 C1818，点击绘图界面的"复制按钮"，找到 1、D 轴墙端头的基点，再点击 1、A 轴墙端头的基点，完成复制。如图 2.57 所示。

思考与练习

什么情况下对门、窗进行智能布置和精确布置？

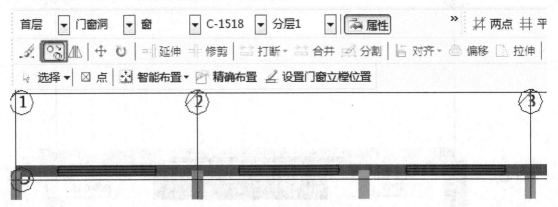

图 2.57　完成复制

七、首层过梁、构造柱的绘制

通过本小节的学习，你将能够：

1. 定义过梁、构造柱；

2. 绘制过梁、构造柱。

（一） 任务

（1）完成首层过梁、构造柱的定义。

（2）完成首层过梁、构造柱的图元绘制。

（二） 任务分析

（1）首层过梁、构造柱的尺寸种类分别有多少？分别从什么图中什么位置找到？

（2）过梁入墙长度如何计算？

（3）如何快速使用智能布置和自动生成构过梁、构造柱？

（三） 任务实施

1. 分析图纸

（1）过梁　分析图纸，未在图纸中找到有关过梁的明确信息，可以按照通常情况下过梁设置的位置及尺寸进行定义。一般情况下，过梁起点伸入墙内长度为250mm，终点伸入墙内长度为250mm，本工程过梁截面高度设为180mm。

（2）构造柱　分析结施-03，图纸中已经注明填充墙的构造柱设置的原则，截面尺寸等参见总说明。在结施-03第五大项第4条中，已经注明构造柱需要布置的位置：砌体填充墙长度超过5m或墙长超过层高2倍时在墙的中部设；砖砌女儿墙高超过500mm时，每3m及转角处设；当门窗洞口宽度大于等于2.1m时，在洞口两边设；悬挑梁上填充墙端部；外墙窗间墙宽度不大于700mm时在墙一端加设。在结施-04的图二中，可以得到构造柱的信息，宽与高均为墙厚，即按照墙厚布置构造柱，本工程墙厚均为200mm，即构造柱的截面高度和宽度均为200mm。

通过以上分析，可以知道在一层平面图中，需要设置构造柱的位置有A轴上2、3轴墙体中部；A轴上3、4轴MLC-1两端；A轴上4、5轴墙体中部；D轴上2、3轴墙体中部；D轴上3、4轴墙体中部；D轴上4、5轴墙体中部；3轴上A、B轴墙体中部；4轴上上A、B轴墙体中部；2、3轴与C、D轴之间的纵横墙相交处。

2. 构件属性的定义

（1）过梁的属性定义　在模块导航栏中点击"门窗洞"使其前面的"＋"展开，点击"过梁"，新建过梁，过梁的属性定义如图2.58所示。

（2）构造柱的属性定义　在模块导航栏中点击"柱"使其前面的"＋"展开，点击"构造柱"，新建构造柱，构造柱的属性定义如图2.59所示。

3. 画法讲解

（1）过梁的画法　过梁可以采用"点画法"。点击"点"，将过梁设置在窗或门的中心位置，如图2.60所示。

（2）构造柱的画法

① 点画　构造柱可以按照点画布置，同框架柱的画法。

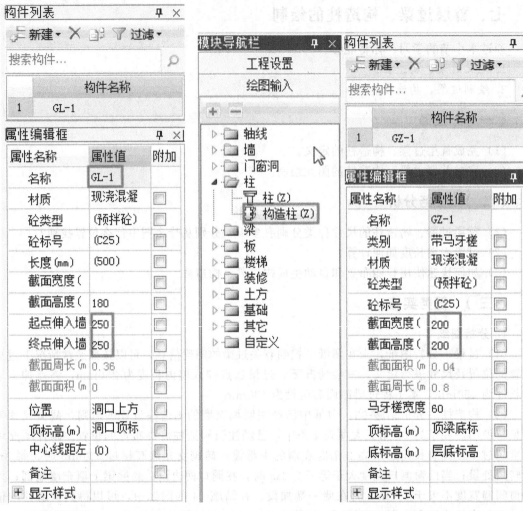

图 2.58　过梁的属性定义　　　　　　　　　　图 2.59　构造柱的属性定义

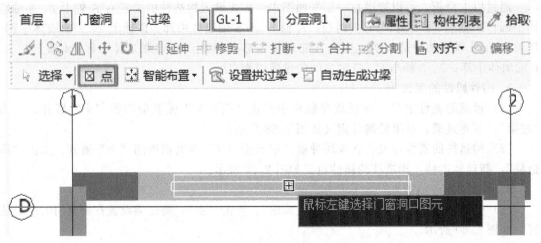

图 2.60　设置过梁

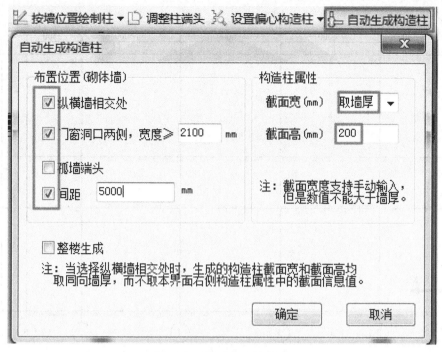

图 2.61 自动生成构造柱

② 自动生成构造柱 点击"自动生成构造柱",弹出如下对话框,如图 2.61 所示。然后点击确定,选中墙体后,再点击右键确认,构造柱就会自动生成。

(四) 任务结果

依照上述绘制方法,将一层所有过梁绘制完毕,结果如图 2.62 所示。

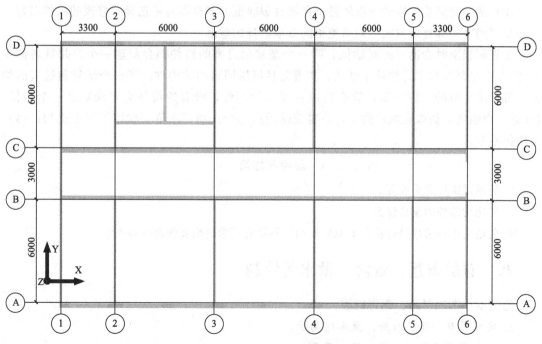

图 2.62 绘制一层过梁完毕

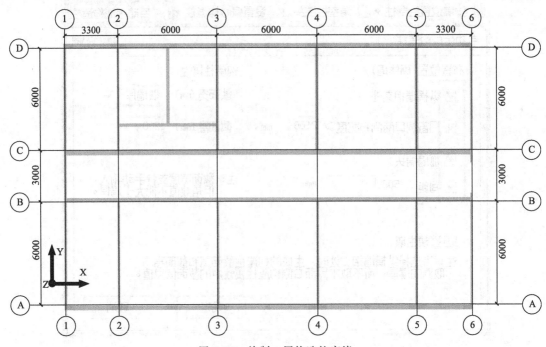

图 2.63 绘制一层构造柱完毕

依照上述绘制方法，将一层所有构造柱绘制完毕，结果如图 2.63 所示。

（五） 知识链接

1. 修改构件图元名称

（1）选中要修改的构件→点右键→修改构件图元名称→要修改的构件。

（2）选中要修改的构件→点属性→在属性编辑框的名称里直接选择要修改的构件名称。

2. "同名构件处理方式"对话框中的三项选择的意思

在复制楼层时会出现此对话框。第一个是复制过来的构件都会新建一个，并且名称＋n；第二个是复制过来的构件不新建，要覆盖目标层同名称的构件；第三个是复制过来的构件，目标层里有的，构件属性就会换成目标层的属性，没有的构件会自动新建一个构件。（注意：当前楼层如果有画好的图，要覆盖就用第二个选项；不覆盖就用第三个选项；第一个用得不多。）

思考与练习

1. 简述过梁的设置位置。

2. 简述构造柱的设置位置。

3. 自动生成构造柱符合实际要求吗？如果不符合要求时需要做哪些调整？

八、首层雨篷、台阶、散水的绘制

通过本小节的学习，你将能够：

1. 定义首层雨篷、台阶、散水的属性；

2. 绘制首层雨篷、台阶、散水图元。

（一） 任务

（1）完成首层雨篷、台阶、散水的定义

（2）完成首层雨篷、台阶、散水的图元绘制。

（二） 任务分析

（1）雨篷、台阶、散水的信息分别在图纸的哪些位置可以找到？尺寸分别是多少？

（2）如何绘制雨篷、台阶、散水？

（三） 任务实施

1. 分析图纸

（1）雨篷 分析结施-19 和结施-20，可以得到雨篷的具体尺寸等信息，从结施-19 中可以得到 GYP1 的尺寸为 4500×2400，GYP2 的尺寸为 2700×1500，分析建施-09 和建施-10，可以得到 GYP1 和 GYP2 的顶标高均为 3.32，即层顶标高；其平面位置布置见结施-15，其中 GYP1 布置在 A 轴上的 3、4 轴之间，GYP2 布置在 1 轴上的 B、C 轴之间和 6 轴上的 B、C 轴之间。

（2）台阶 分析建施-05、建施-09 和建施-10，可以得到台阶的具体尺寸、平面位置等信息，首层三处台阶，踏步个数均为 3 个，每层踏步宽 300mm，高 150mm。

（3）散水 分析建施-05，散水的具体信息可以通过查找图集的方式得到。此处，应用 GMT 软件主要是建立模型，因此按照软件默认设置的散水信息定义即可。

2. 雨篷、台阶、散水的定义

（1）雨篷属性定义 在模块导航栏中点击"其他"使其前面的"＋"展开，点击"雨篷"，新建雨篷 1 和雨篷 2，根据图纸中的尺寸标注，在属性编辑器中输入相应的属性值。如图 2.64 和图 2.65 所示。

属性编辑框		屮
属性名称	属性值	附加
名称	YP-1	
材质	现浇混凝	☐
砼类型	(预拌砼)	☐
砼标号	(C25)	☐
板厚(mm)	100	☐
顶标高(m)	3.32	☐
建筑面积计	计算一半	☐
备注		☐
＋ 显示样式		

图 2.64 新建雨篷 1

属性编辑框		屮
属性名称	属性值	附加
名称	YP-2	
材质	现浇混凝	☐
砼类型	(预拌砼)	☐
砼标号	(C25)	☐
板厚(mm)	100	☐
顶标高(m)	层顶标高	☐
建筑面积计	不计算	☐
备注		☐
＋ 显示样式		

图 2.65 新建雨篷 2

（2）台阶属性定义 在模块导航栏中点击"其他"使其前面的"＋"展开，点击"台阶"，新建台阶 1，根据图纸中的尺寸标注，在属性编辑器中输入相应的属性值。如图 2.66 所示。

属性编辑框		🔻
属性名称	属性值	附加
名称	TAIJ-1	
材质	现浇混凝	☐
砼类型	(预拌砼)	☐
砼标号	(C25)	☐
顶标高(m)	层底标高	☐
台阶高度(	450	☐
踏步个数	3	☐
踏步高度(	150	☐
备注		☐
⊞ 显示样式		

图 2.66　输入台阶属性值

属性编辑框		🔻
属性名称	属性值	附加
名称	SS-1	
材质	现浇混凝	☐
厚度(mm)	200	☐
砼类型	(预拌砼)	☐
砼标号	(C25)	☐
备注		☐
⊞ 显示样式		

图 2.67　新建散水

（3）散水属性定义　在模块导航栏中点击"其他"使其前面的"＋"展开，点击"散水"，新建散水1，取属性编辑器中默认的属性值。如图2.67所示。

3. 画法讲解

（1）绘制雨篷　可以根据图纸尺寸做好辅助轴线，点击直线，左键点击起点与终点即可绘制雨篷，也可以采用直线 shift＋左键偏移的方法绘制，这里不再重复叙述。如图2.68所示。

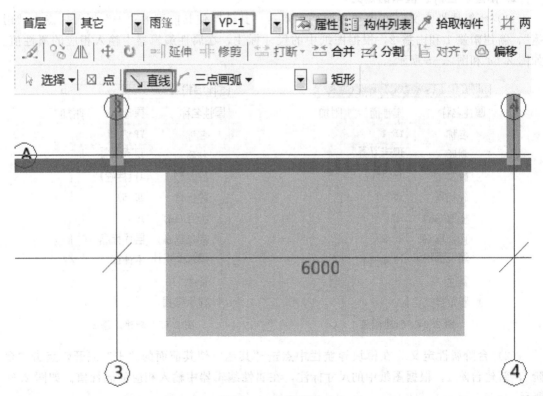

图 2.68　绘制雨篷

（2）绘制台阶 台阶属于面式构件，因此可以直线绘制也可以点绘制，这里用直线绘制法。做好辅助轴线，选择"直线"，点击交点形成闭合区域即可绘制台阶。也可以采用直线 shift＋左键偏移的方法绘制，这里不再重复叙述。绘制完成后，点击"设置台阶踏步边数"，选择边，然后点击右键确认后，输入踏步宽度。结果如图 2.69 和图 2.70 所示。

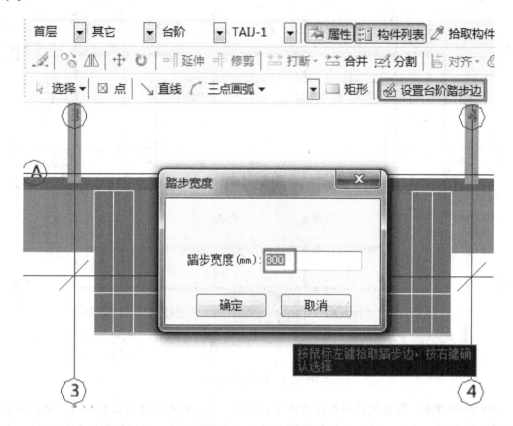

图 2.69 输入踏步宽度

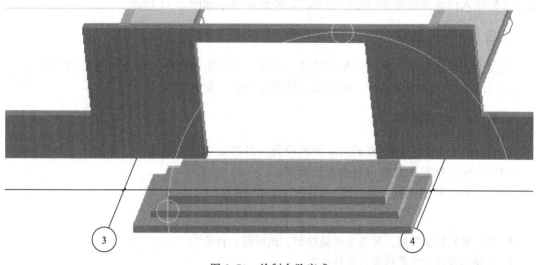

图 2.70 绘制台阶完成

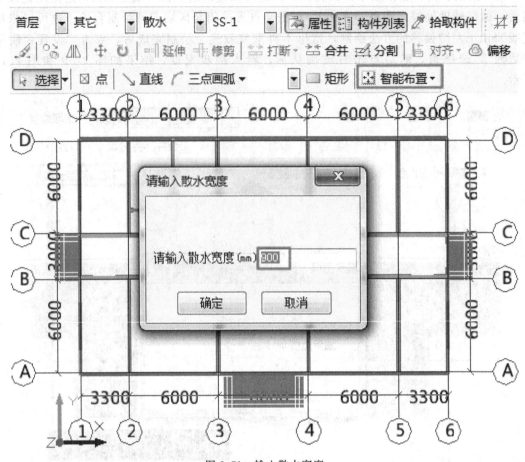

图 2.71　输入散水宽度

（3）绘制散水　散水同样属于面式构件，因此可以直线绘制也可以点绘制，这里用智能布置法比较简单。本工程外墙为封闭区域，单击"智能布置"后选择"外墙外边线"，在弹出对话框输入散水宽度带用的数值"900"，确定即可。如图 2.71 所示。

（四）　任务结果

依照上述绘制方法，将一层所有雨篷、台阶、散水绘制完毕，结果如图 2.72 所示。

一层所有构件绘制完成后，可以用三维图来查看，如图 2.73 所示。

（五）　知识链接

（1）台阶绘制后，还要根据实际图纸设置台阶起始边，并定义台阶宽度。

（2）台阶属性定义只给出台阶的顶标高。

（3）如果在封闭区域，台阶也可以使用点式绘制。

思考与练习

1. 若不使用辅助轴线，怎样能快速绘制上述雨篷、台阶？

2. 智能布置散水的前提条件是什么？

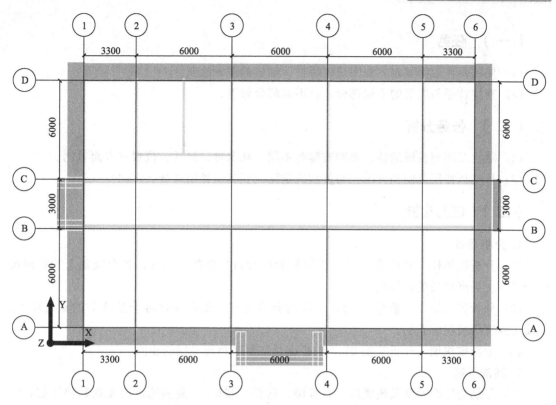

图 2.72　一层所有构件绘制完毕

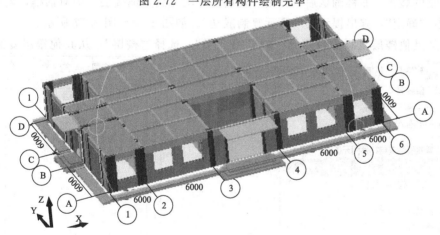

图 2.73　三维图

第三节　二层模型的建立

通过本节的学习，你将能够：
掌握层间复制图元的两种方法。

一、二层柱、墙体的绘制

通过本小节的学习，你将能够：
掌握图元层间复制的两种方法。

（一） 任务

（1）使用两种层间复制方法完成二层柱、墙体的图元绘制。

（2）查找首层与二层的不同部分，将不同部分修正。

（二） 任务分析

（1）对比二层与首层的柱、墙都有哪些不同？从名称、尺寸、位置三方面对比。

（2）从其他楼层复制构件图元与复制选定图元到其他楼层有什么不同？

（三） 任务实施

1. 分析图纸

（1）分析框架柱　分析结施-08，二层框架柱和首层框架柱相比，各个位置上的截面尺寸、混凝土强度等级没有差别。

（2）分析剪力墙　分析结施-08，二层的剪力墙和一层的相比各个位置上的截面尺寸、混凝土强度等级没有差别。

（3）分析砌块墙　分析建施-05、建施-06，二层砌体与一层的相同。

2. 画法讲解

（1）复制选定图元到其他楼层　在首层，选择"楼层"，复制选定图元到其他楼层，框选需要复制的墙体，右键确认后，弹出"复制选定图元到其他楼层"的对话框，勾选"第2层"，单击"确定"，弹出提示框"图元复制成功"。如图2.74～图2.77所示。

（2）从其他楼层复制构件图元　在"第2层"，选择"楼层"，从其他楼层复制构件图

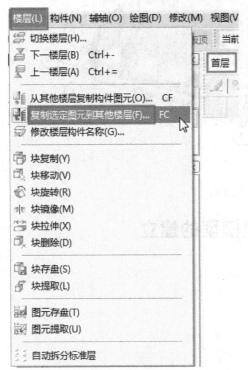

图2.74　复制图元

图2.75　勾选"第2层"

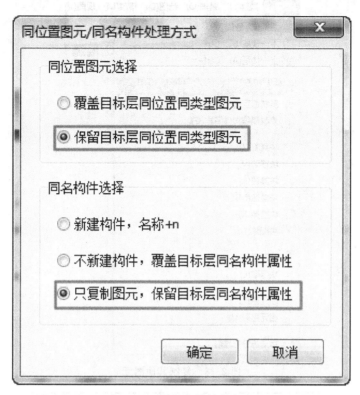

图 2.76　同名构件处理方式

图 2.77　图元复制成功

元，选择源楼层为首层，框选需要复制的柱、墙体等构件，此处不选择构造柱，构造柱采用点画或自动生成的方法绘制，目标层选择第 2 层，单击"确定"，弹出提示框"图元复制成功"。如图 2.78～图 2.81 所示。

（四）　任务结果

应用"复制选定图元到其他楼层"及"从其他楼层复制构件图元"完成二层柱和墙体图元的绘制。结果如图 2.82 所示。

思考与练习

两种层间复制方法有什么区别？

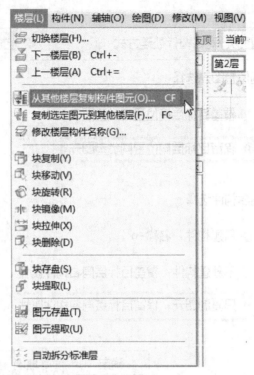

图 2.78　复制其他图元

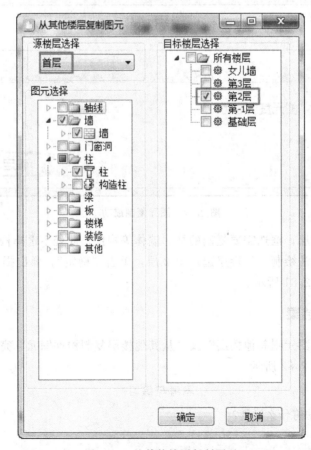

图 2.79　从其他楼层复制图元

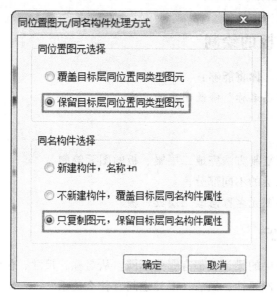

图 2.80　其他同名构件处理方式

图 2.81　其他图元复制成功

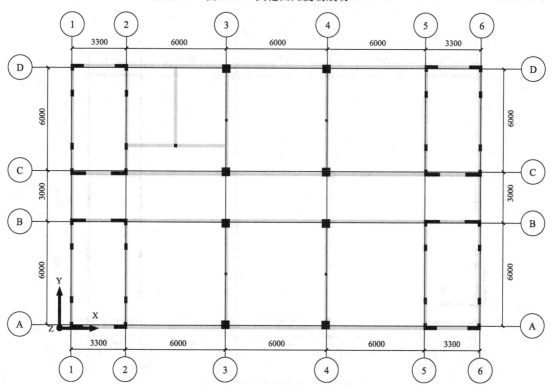

图 2.82　完成二层柱和墙体的绘制

二、二层梁、板的绘制

通过本小节的学习，你将能够：
掌握"修改构件图元名称"修改图元的方法。

（一） 任务

（1）使用两种层间复制方法完成二层梁、板的图元绘制。
（2）查找首层与二层的不同部分。
（3）使用修改构件图元名称修改二层梁、板。

（二） 任务分析

（1）对比二层与首层的梁、板都有哪些不同？从名称、尺寸、位置三方面对比。
（2）构件名称、构件属性、做法、图元之间有什么关系？

（三） 任务实施

1. 分析图纸

（1）分析梁　分析结施-12，可以得到二层梁的所有信息，方法与首层相同。对首层对比后，可以知道相同位置的梁的构件尺寸信息是相同的，但是构件名称不同，并且在3、4轴与A、B轴之间增加了两段非框架梁，即L4和L1。

（2）分析板　分析结施15与结施16，通过对比首层和二层的板厚、位置等均相同，但是二层板在3、4轴与A、B轴之间也进行了布置，绘制时需要注意。

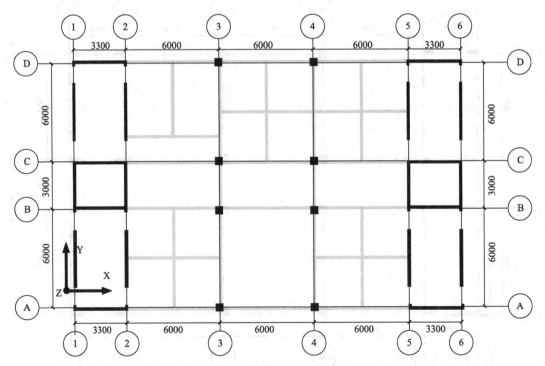

图 2.83　复制后的二层梁图元

2. 画法讲解

（1）复制首层梁到二层　运用"复制构件到其他楼层"复制梁图元，复制方法同第一节复制柱、墙的方法，这里不再细述。复制完成后的二层梁图元如图 2.83 所示。

（2）修改二层的梁图元

① 例　修改 KL13 变成 KL12，选中要修改的图元，即 KL13，单击右键选择"修改构件图元名称"或者在构件中选择"修改构件图元名称"，弹出"修改构件图元名称"对话框中在"目标构件"中选择"KL12"，如图 2.84、图 2.85 所示。

② 删除 2、3 轴与 A、B 轴、4、5 轴与 A、B 轴之

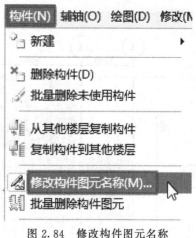

图 2.84　修改构件图元名称

间的 L1，，绘制 2、5 轴与 A、B 轴之间的两段非框架梁，即 L4，绘制方法同首层。

（3）复制首层板到二层　运用"复制构件到其他楼层"复制板图元，复制方法同第一节复制柱、墙的方法，这里不再细述。复制完成后的二层板图元如图 2.86 所示。

通过之前的分析，我们知道二层板在 3、4 轴与 A、B 轴之间也进行了布置，因此此处需要进行绘制，绘制方法同首层。

（四）　任务结果

绘制完成后的二层梁图元、二层板图元分别如图 2.87、图 2.88 所示。

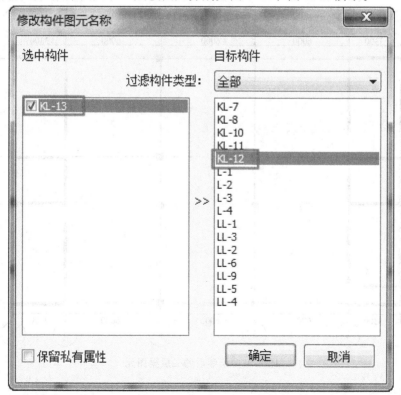

图 2.85　KL-13 改为 KL-12

建筑识图与BIM建模实训教程

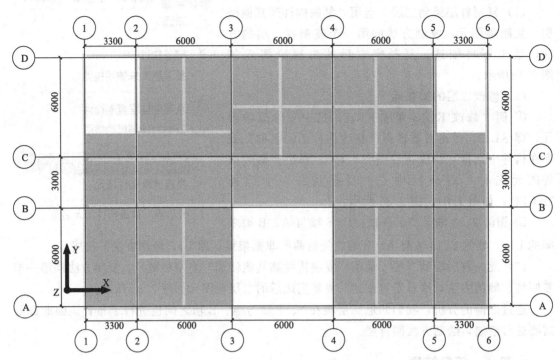

图 2.86　复制后的二层板图元

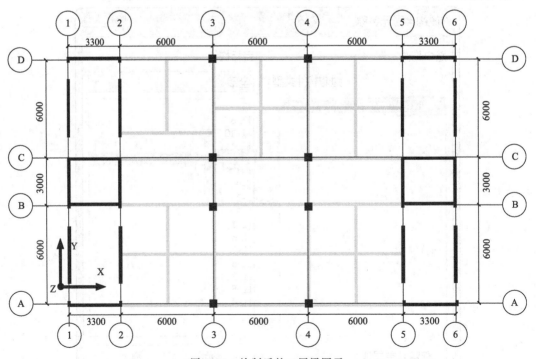

图 2.87　绘制后的二层梁图元

84

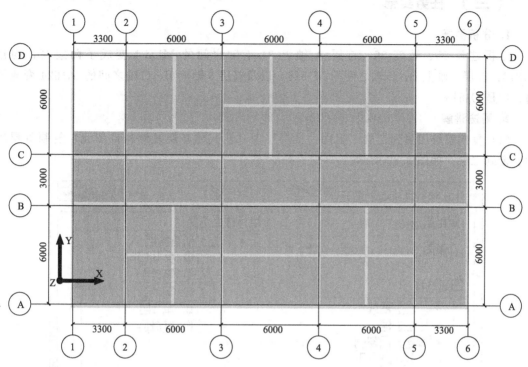

图 2.88 绘制后的二层板图元

（五） 知识链接

（1）左框选，图元完全位于框中的才能被选中。

（2）右框选，只要在框中的图元都被选中。

思考与练习

什么情况下运用修改构件图元名称？

三、二层门、窗的绘制

通过本小节的学习，你将能够：

复制构件，并找到二层门、窗与首层的不同之处，予以修改。

（一） 任务

（1）使用两种层间复制方法完成二层门、窗的图元绘制。

（2）查找首层与二层的不同部分，并修正。

（二） 任务分析

（1）对比二层与首层的门窗都有哪些不同？从名称、尺寸、位置三方面对比。

（2）完成二层门窗的绘制。

（三） 任务实施

1. 分析图纸

分析建施-05、建施-06，首层 A 轴上 3、4 轴之间的 MLC-1 变成了两扇窗，均是 C1818；首层 1 轴上 B、C 轴之间的 M1524，以及首层 6 轴上 B、C 轴之间的 M1524 变成了窗，均是 C1518。

2. 画法讲解

（1）复制首层门窗到二层 运用"楼层"中"从其他楼层复制构件图元"复制首层的门、窗到二层。如图 2.89 所示。

图 2.89 复制首层的门窗

（2）修改二层的门、窗图元

① 删除 A 轴上 3、4 轴之间的 MLC-1，绘制 C1818 到该位置，如图 2.90 所示。

② 删除 1 轴上 B、C 轴之间的 M1524，删除 6 轴上 B、C 轴之间的 M1524，绘制 C1518 到该位置，如图 2.91、图 2.92 所示。

（四） 任务结果

绘制完成后的二层门、窗图元如图 2.93 所示。

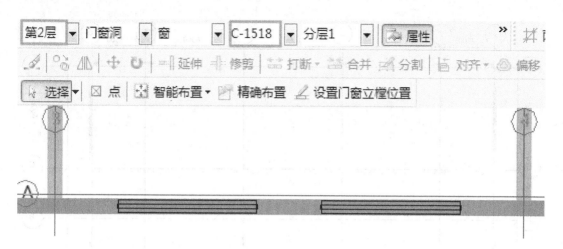

图 2.90　修改二层的门窗

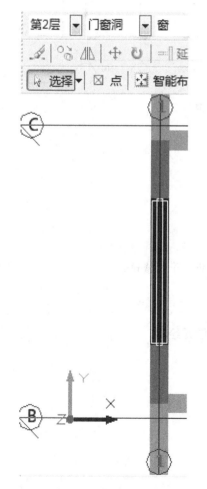

图 2.91　删除 M1524

图 2.92　绘制 C1518

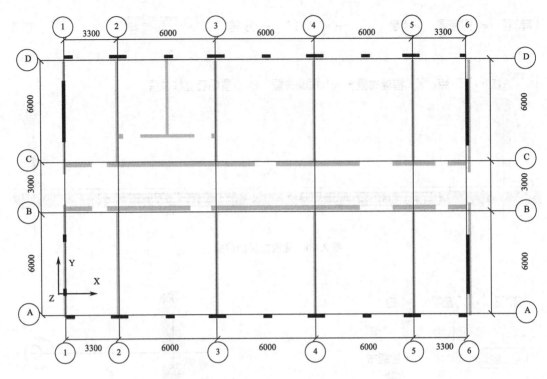

图 2.93 绘制完成的二层门、窗

思考与练习

如何精确布置绘制门、窗?

四、二层过梁、构造柱的绘制

通过本小节的学习，你将能够:

复制构件，并找到二层过梁、构造柱与首层的不同之处，予以修改。

（一） 任务

（1）使用两种层间复制方法完成二层过梁、构造柱的图元绘制。

（2）查找首层与二层的不同部分，并修正。

（二） 任务分析

（1）对比二层与首层的过梁、构造柱都有哪些不同?

（2）构造柱为什么不建议用复制?

（三） 任务实施

1. 分析图纸

（1）分析过梁 分析建施-06，过梁完成层间复制后，还需要再布置四处，分别为 A 轴上 3、4 轴之间的 C1818，1 轴上 B、C 轴之间的 C1518，以及 6 轴上 B、C 轴之间的 C1518。可以采用点画的方法进行布置。

（2）分析构造柱　构造柱的布置规则同首层。与首层的布置位置不同的是 A 轴上 3、4 轴之间的 MLC-1 两侧的构造柱需要删除掉，而改成在这段墙体的中间布置一道。

2. 画法讲解

（1）从首层复制过梁图元到二层　利用从其他楼层复制构件图元的方法复制梁图元到二层，对复制过来的图元，利用"三维"显示查看是否正确（比如：查看门窗图元是否和梁相撞）。对于 A 轴上 3、4 轴之间的 C1818，1 轴上 B、C 轴之间的 C1518，以及 6 轴上 B、C 轴之间的 C1518，可以采用点画的方法重新布置过梁。

（2）自动生成构造柱　对于构造柱图元，不推荐采用层间复制。如果楼层不是标准层，通过复制过来的构造柱图元容易出现位置错误的问题。

点击"自动生成构造柱"，然后对构造柱图元进行查看（比如：看是否在一段墙中重复布置了构造柱图元）。查看的目的是保证本层的构造柱图元的位置及属性都是正确的。方法与首层相同。

（四） 任务结果

绘制完成后的二层过梁图元如图 2.94 所示。

绘制完成后的二层构造柱图元如图 2.95 所示。

一层、二层所有构件绘制完成后，利用三维显示进行查看，如图 2.96 所示。

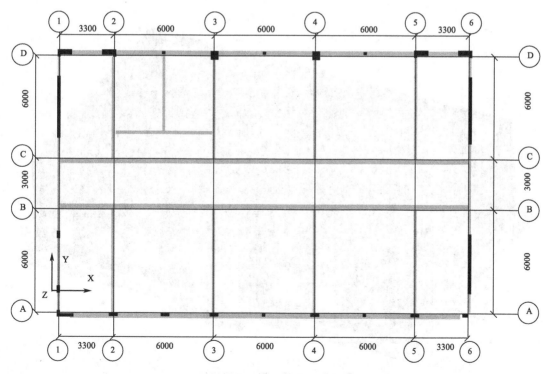

图 2.94 绘制完成的二层过梁

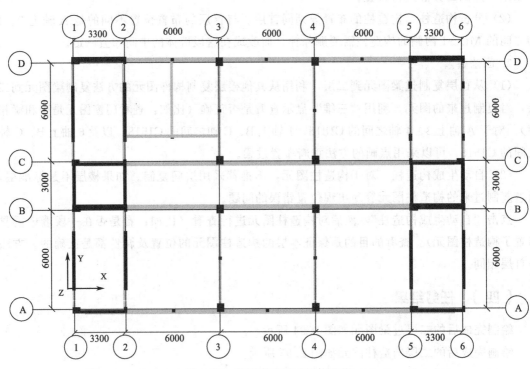

图 2.95 绘制完成的二层构造柱

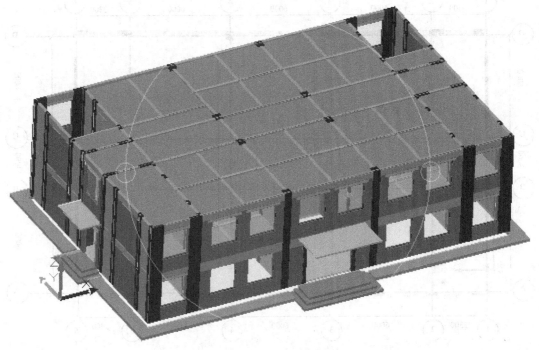

图 2.96 三维一层、二层构件

第四节 三层模型的建立

通过本节的学习，你将能够：

1. 掌握批量选择构件图元的方法；
2. 掌握批量删除的方法。

（一） 任务

完成三层所有图元的绘制。

（二） 任务分析

(1) 对比三层与二层的图纸都有哪些不同？
(2) 如何快速对图元进行批量选定、删除工作？

（三） 任务实施

1. 分析三层图纸

(1) 分析框架柱　分析结施-08，三层框架柱和二层框架柱相比，各个位置上的截面尺寸、混凝土强度等级没有差别。

(2) 分析剪力墙　分析结施-08，三层的剪力墙和二层的相比截面尺寸、混凝土强度等级没有差别。

(3) 分析砌块墙　分析建施-06、建施-07，三层砌块墙与二层的区别是二层在 B 轴上 3、4 轴之间没有布置墙体，但是三层布置了，因此复制二层砌块墙后还需在三层此处绘制一段墙体。

(4) 分析结施-13，可以得到三层梁的所有信息，方法与二层相同。对二层对比后，可以知道相同位置的梁的构件尺寸信息是相同的，但是构件名称不同。复制之后，对构件名称进行修改即可，方法与二层相同。

(5) 三层的楼板与二层相同。

(6) 分析建施-06、建施-07，可知三层门、窗所在的位置与构件名称完全相同，不同之处则是三层在 B 轴上 3、4 轴之间绘制了一段墙体，此处绘制了 M1521。

(7) 分析建施-07，过梁完成层间复制后（二层复制到三层），还需要在增加的 M1521 上方布置一段过梁。

(8) 构造柱的布置规则同首层，与二层构造柱布置的位置和尺寸完全相同。

2. 绘制三层图元

运用"从其他楼层复制构件图元"的方法复制图元到三层。建议构造柱不要进行复制，用自动生成构造柱的方法绘制三层构造柱图元。运用学到的软件功能对三层图元进行修改、保存。

（四） 任务结果

绘制完成后的三层柱、墙、门窗、过梁、构造柱构件如图 2.97 所示。
绘制完成后的三层梁、板构件如图 2.98 所示。
一层、二层、三层所有构件绘制完成后，利用三维显示进行查看，如图 2.99 所示。

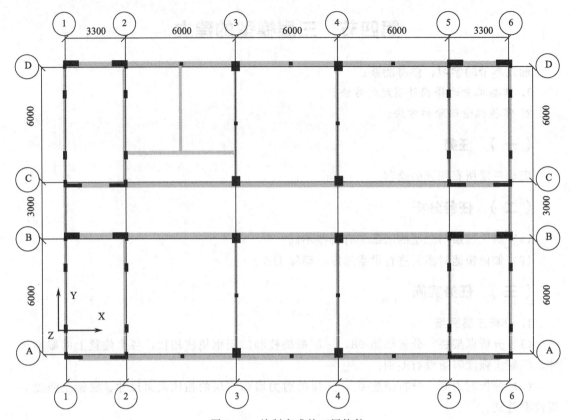

图 2.97　绘制完成的三层构件

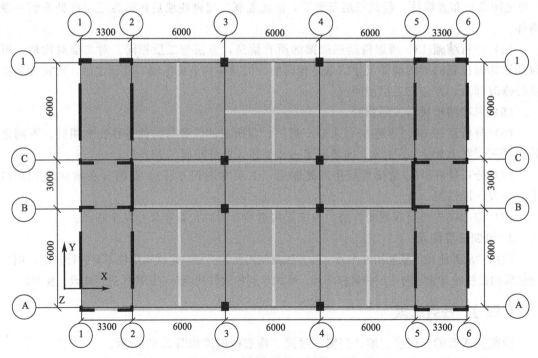

图 2.98　绘制完成的三层梁、板

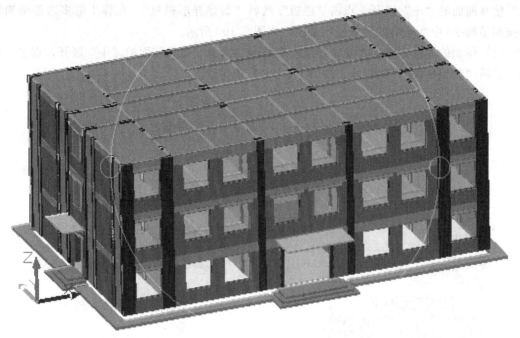

图 2.99 三维三层构件

第五节 屋面层模型的建立

通过本节的学习，你将能够：

1. 掌握女儿墙图元的绘制方法；
2. 掌握屋面图元的绘制方法。

（一） 任务

（1）完成女儿墙工程的构件定义及绘制。
（2）完成屋面工程的构件定义及绘制。

（二） 任务分析

（1）如何定义女儿墙构件；如何绘制异形女儿墙？
（2）如何定义屋面？

（三） 任务实施

1. 分析图纸

（1）根据结施-20，可以得到异形女儿墙的尺寸等信息，女儿墙是异形的，此处可以使用栏板进行绘制。

（2）根据建施-08，可以根据图纸直接绘制屋面。

2. 板的属性定义

（1）女儿墙的属性定义　绘制女儿墙时，使用栏板进行绘制，在模块导航栏中点击"其他"使其前面的"＋"展开，点击"栏板"然后"新建异形栏板"，在弹出的多边形编辑器中按照结施-20中女儿墙的尺寸进行绘制，如图2.100所示。

（2）屋面的属性定义　在模块导航栏中点击"其他"使其前面的"＋"展开，点击"屋面"然后"新建屋面"，默认其属性值。如图2.101所示。

图2.100　新建异形栏板

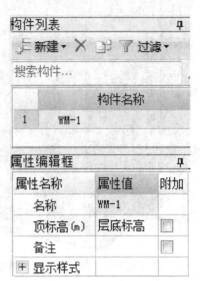

图2.101　新建屋面

3.画法讲解

（1）女儿墙　新建异形栏板后，在弹出的多边形编辑器中进行女儿墙的尺寸编辑，在绘制之前，可以先自定义网格的尺寸，方便绘制。定义好网络之后按照结施-20中女儿墙的尺寸进行绘制。绘制完成后，点击"确定"，进入到绘制界面，采用"直线"绘制的方式对女儿墙进行绘制，绘制完成后的结果如图2.102～图2.105所示。

（2）屋面　屋面可以采用点绘或者是矩形绘制均可，当采用点绘制时，需要保证屋面布置在一个封闭的区域；当采用矩形绘制时，只要找到两个对角点即可进行绘制，绘制完成后的屋面如图2.106所示。

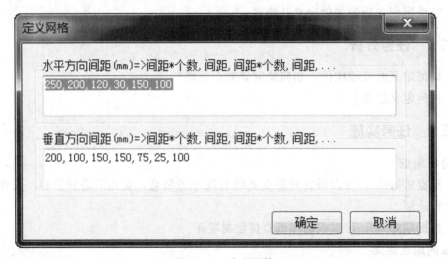

图2.102　定义网络

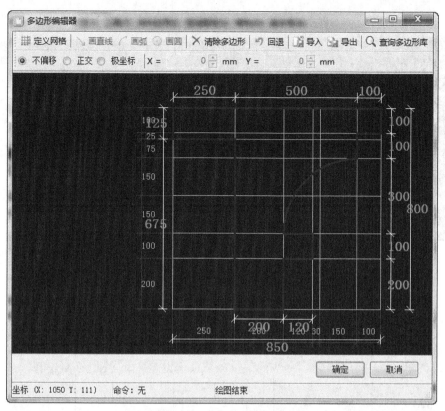

图 2.103　多边形编辑器

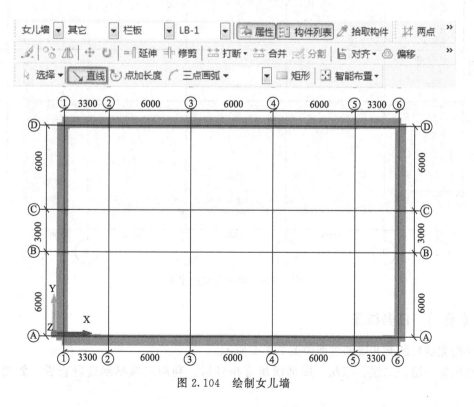

图 2.104　绘制女儿墙

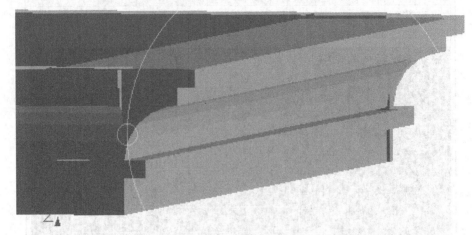

图 2.105　女儿墙绘制完成

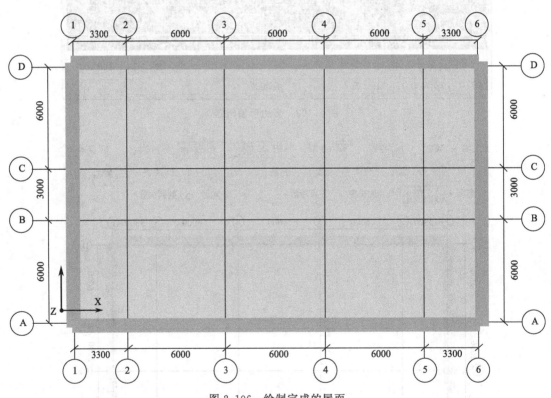

图 2.106　绘制完成的屋面

（四）　任务结果

绘制完成后的女儿墙和屋面如图 2.107 所示。

绘制完一层、二层、三层、屋面层所有构件后，利用三维显示进行查看，如图 2.108 所示。

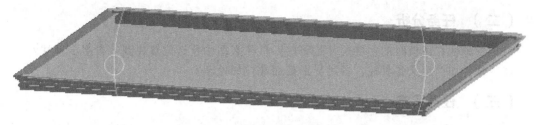

图 2.107 绘制完成的女儿墙和屋面

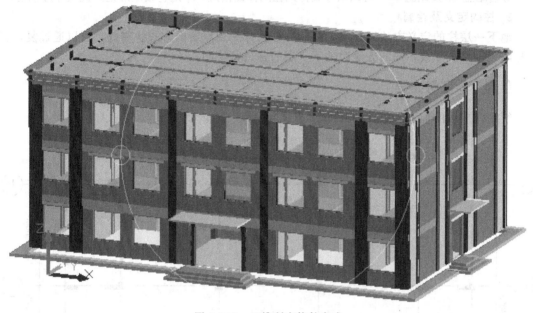

图 2.108 三维所有构件完成

第六节 地下一层模型的建立

通过本节学习，你能够：

1. 分析地下一层需要绘制哪些构件；
2. 地下一层构件与其他层构件定义与绘制的区别。

一、地下一层柱的绘制

通过本小节学习，你将能够：

1. 依据图纸确定柱的分类；
2. 定义框架柱、参数化柱的属性；
3. 绘制地下一层柱图元。

（一）任务

（1）完成地下一层框架柱、参数化柱的定义。

（2）绘制地下一层柱图元。

（二） 任务分析

(1) 各种柱在建模时的主要尺寸是哪些？从什么图中什么位置找到？有多少种柱？

(2) 软件如何定义各种柱？各种异形截面端柱如处理？

（三） 任务实施

1. 图纸分析

分析结施-06 及结施-07，可以从柱表得到柱的截面信息，本层包括矩形框架柱及异形端柱。

2. 柱的定义及绘制

地下一层柱的定义方法同首层，绘制方法通常采用点绘的方式。在此，可以通过复印首层柱图元构件再修改不同的方法对地下一层的柱进行绘制。

（四） 任务结果

绘制完成后的地下一层柱图元如图 2.109 所示。

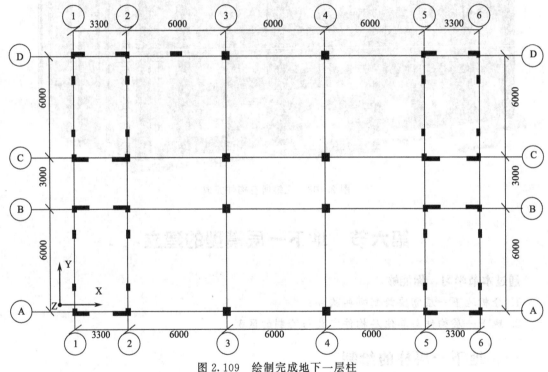

图 2.109　绘制完成地下一层柱

（五） 知识链接

在新建异形柱时，绘制异形图时有一个原则：不管是直线还是弧线，需要一次围成封闭区域，围成封闭区域以后不能在这个网格上再绘制任何图形。

二、地下一层剪力墙的绘制

通过本小节学习，你能够：

1. 熟练运用图元构件的层间复制方法；

2. 绘制剪力墙图元。

（一） 任务

完成地下一层工程剪力墙构件的定义及绘制。

（二） 任务分析

（1）地下一层剪力墙构件与首层有什么不同？
（2）地下一层的中有还有哪些地方的剪力墙构件需要绘制？

（三） 任务实施

1. 分析图纸

分析剪力墙：分析图纸结施-06 和结施-07，可以知道剪力墙内墙墙厚 200mm，同首层剪力墙。剪力墙外墙墙厚 250mm，需要重新定义，定义方法同首层剪力墙。

2. 剪力墙的定义及绘制

（1）本层剪力墙的定义与首层相同，参照首层剪力墙的定义。
（2）本层剪力墙在绘制时采用直线的方式进行绘制，绘制时注意内墙厚度为 200mm，外墙厚度为 250mm。

（四） 任务结果

绘制完成后的地下一层剪力墙图元如图 2.110 所示。

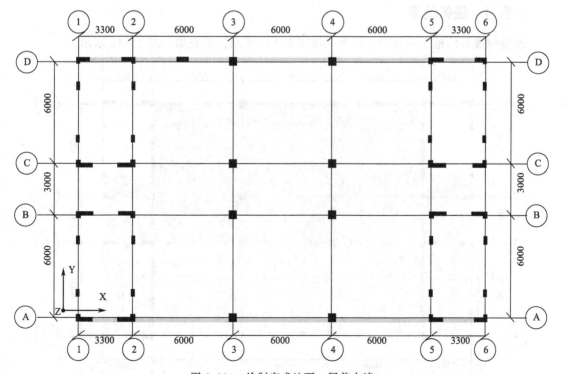

图 2.110 绘制完成地下一层剪力墙

三、地下一层梁、板、填充墙的绘制

通过本小节的学习，你将能够：

复制、绘制本层梁、板及填充墙图元。

（一） 任务

完成地下一层工程梁、板及填充墙构件的定义及绘制。

（二） 任务分析

地下一层梁、板、填充墙构件与首层有什么不同？

（三） 任务实施

1. 分析图纸

（1）分析图纸结施-10，从左至右从上至下本层有连梁、框架梁、非框架梁3种。

（2）分析结施-14，可以从板平面图得到板的截面信息，板厚为180mm，卫生间比同层结构标高下沉90mm。

（3）分析建施-04，砌块内墙为加气混凝土砌块，厚200mm。

2. 梁、板、填充墙的定义及绘制

地下一层梁、板、填充墙的定义方法同首层，其绘制方法也同首层。在绘制时，可以采用层间复制的方法，也可以采用直线绘制的方法。

（四） 任务结果

绘制完成后的地下一层梁、板图元如图2.111所示。填充墙如图2.112所示。

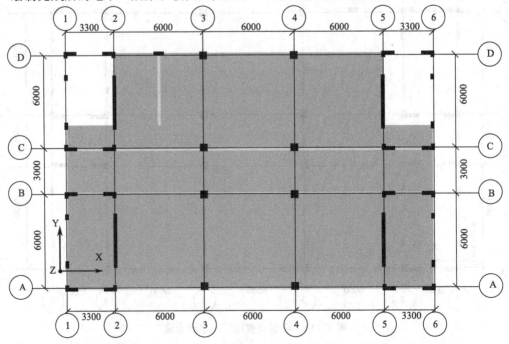

图2.111 绘制完成的地下一层梁

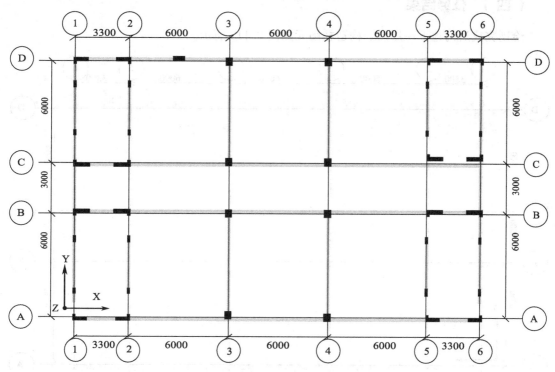

图 2.112 绘制完成的地下一层填充墙

四、地下一层门、构造柱的绘制

通过本小节学习，你将能够：

找到地下一层的门、构造柱的布置位置。

（一） 任务

完成地下一层工程门、构造柱构件定义及绘制。

（二） 任务分析

地下一层门、构造柱构件与首层有什么不同？

（三） 任务实施

1. 分析图纸

分析图纸建施-04，可知地下一层的门有 FM 乙 1521 和 M1521 两种，布置位置均已在图纸中标明。

构造柱按照其在填充墙中布置的方法，应在 3、4 两轴的墙体上进行布置。

2. 门、洞口定义与绘制

门与构造柱的定义方法同首层、绘制方法与同首层。可通过层间复制的方法或点画法进行绘制。

（四） 任务结果

绘制完成后的地下一层门、构造柱图元如图 2.113 所示。

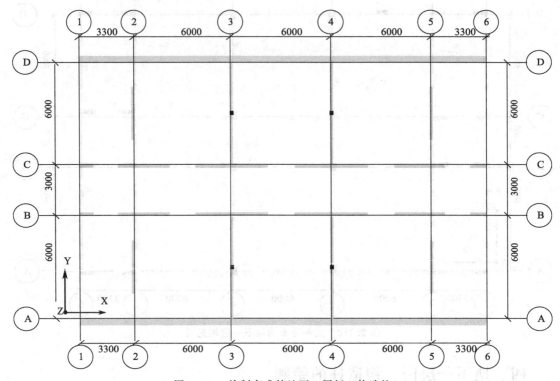

图 2.113　绘制完成的地下一层门、构造柱

第七节　基础层模型的建立

通过本节的学习，你将能够：

1. 定义基础筏板、垫层构件；
2. 绘制基础筏板、垫层图元。

（一） 任务

(1) 完成基础层工程筏板、垫层构件的定义。

(2) 完成基础层工程筏板、垫层图元的绘制。

（二） 任务分析

(1) 基础层模型需要建立哪些构件？

(2) 筏板、垫层如何定义？如何绘制？

（三） 任务实施

1. 分析图纸

(1) 分析结施-01，本工程筏板厚度为 550mm，筏板的混凝土为抗渗混凝土 C30，筏板顶标高为基础层底标高（－3.4m），因此筏板的底标高为（－3.4－0.55＝－3.95m）。未注明的筏板均自轴线外挑 500mm。

（2）分析结施-01，本工程基础垫层厚度为 100mm，混凝土强度等级为 C15，顶标高为基础底标高，垫层各边宽出基础 100mm。

2. 属性定义

（1）筏板属性定义　筏板属性定义，如图 2.114 所示。

（2）垫层属性定义　垫层属性定义，如图 2.115 所示。

属性编辑框		
属性名称	属性值	附加
名称	FB-1	
材质	现浇混凝土	☐
砼类型	(预拌砼)	☐
砼标号	(C30)	☐
厚度(mm)	550	
顶标高(m)	层底标高+0.55	☐
底标高(m)	层底标高	☐
砖胎膜厚度	0	
备注		☐
⊞ 显示样式		

图 2.114　筏板属性定义

属性编辑框		
属性名称	属性值	附加
名称	DC-1	
材质	现浇混凝	☐
砼类型	(预拌砼)	☐
砼标号	(C15)	☐
形状	面型	☐
厚度(mm)	100	
顶标高(m)	基础底标	☐
备注		☐
⊞ 显示样式		

图 2.115　垫层属性定义

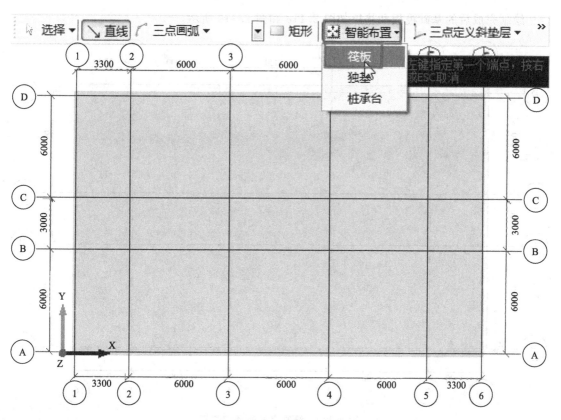

图 2.116　筏板

3. 画法讲解

（1）筏板属于面式构件，和楼层现浇板一样，可以使用直线绘制也可以使用矩形绘制。在这里使用直线绘制，绘制方法同首层现浇板。

（2）垫层属于面式构件，可以使用直线绘制，也可以使用矩形绘制。在这里使用智能布置。点击"智能布置"→"筏板"，如图2.116所示，单击筏板，右键确认，在弹出的对话框中输入出边距离"100"，点击"确定"，垫层就布置好了，如图2.117所示。

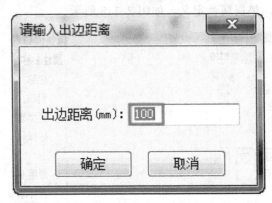

图 2.117　输入出边距离

（四）　任务结果

绘制完成后的基础筏板和垫层如图2.118和图2.119所示。

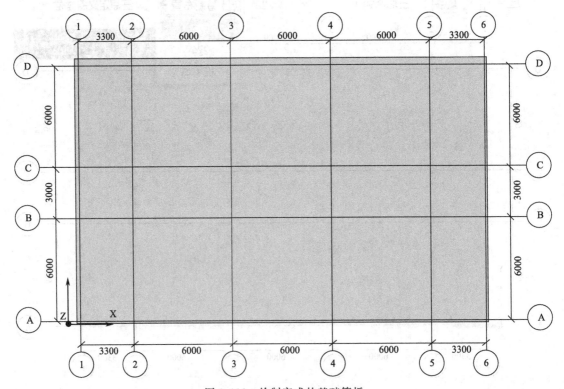

图 2.118　绘制完成的基础筏板

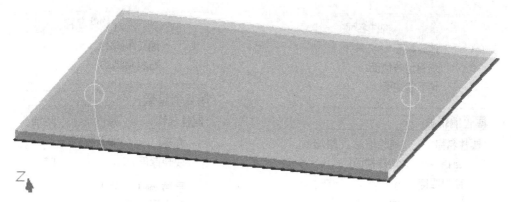

图 2.119　绘制完成的垫层

第八节　房间装修的建立

通过本节的学习，你将能够：

1. 定义楼地面、墙面、天棚、踢脚、吊顶；

2. 定义房间，并在房间中添加依附构件。

（一）　任务

（1）完成全楼装修工程的楼地面、天棚、墙面、踢脚、吊顶构件的定义。

（2）建立首层房间单元添加依附构件并绘制。

（3）利用两种层间复制方法将房间装修复制到其他各层，并修改不同之处。

（二）　任务分析

（1）楼地面、天棚、墙面、踢脚、吊顶在图中什么位置找到？

（2）装修工程中如何用虚墙分割空间？

（3）如何在定义好的房间中添加依附构件？

（三）　任务实施

1. 分析图纸

分析建施-03 的室内装修做法表，首层有六种装修类型的房间：地下储藏室、大厅、楼梯间、卫生间、实训室和走廊。装修做法有地面、楼面、墙面、踢脚板、顶棚。其中地面只有一种，即地下室地面；楼面有地砖楼面、防滑地砖楼面 28；墙面有乳胶漆内墙 5 涂 24、乳胶漆内墙 5、釉面砖墙面 9；踢脚板有面砖踢脚 24、石材踢脚 28；天棚有丙烯酸涂料顶棚、乳胶漆顶棚；吊顶有轻钢龙骨纸面石膏吊顶、轻钢龙骨铝合金扣板吊顶、轻钢龙骨装饰板吊顶 11。

2. 装修构件的属性定义

（1）楼地面的属性定义　点击模块导航栏中的"装修"→"楼地面"，在构件列表中单击"新建"→"新建楼地面"，如图 2.120 所示。如有房间需要防水，要在"是否计算防水"选择"是"。

	构件名称
1	地砖楼面10
2	防滑地砖楼面28
3	地下室地面

属性编辑框

属性名称	属性值	附加
名称	地砖楼面1	
块料厚度(	0	☐
顶标高(m)	层底标高	☐
是否计算防	否	☐
备注		☐
⊞ 显示样式		

图 2.120　新建楼地面

	构件名称
1	面砖踢脚24
2	石材踢脚28

属性编辑框

属性名称	属性值	附加
名称	面砖踢脚2	
块料厚度(	0	☐
高度(mm)	150	☐
起点底标高	墙底标高	☐
终点底标高	墙底标高	☐
备注		☐
⊞ 显示样式		

图 2.121　踢脚属性定义

（2）踢脚的属性定义　新建踢脚构件属性定义，如图 2.121 所示。

（3）内墙面的属性定义　新建内墙面构件属性定义，如图 2.122 所示。

（4）天棚属性定义　天棚构件属性定义，如图 2.123 所示。

（5）吊顶的属性定义　吊顶构件属性定义。如图 2.124 所示。

	构件名称
1	乳胶漆内墙5涂24[内墙面]
2	乳胶漆内墙5[内墙面]
3	釉面砖墙面9[内墙面]

属性编辑框

属性名称	属性值	附加
名称	乳胶漆内	
所附墙材质	(程序自动	☐
块料厚度(	0	☐
内/外墙面	内墙面	☑
起点顶标高	墙顶标高	☐
终点顶标高	墙顶标高	☐
起点底标高	墙底标高	☐
终点底标高	墙底标高	☐
备注		☐

图 2.122　内墙面属性定义

	构件名称
1	丙烯酸涂料顶棚
2	乳胶漆顶棚

属性编辑框

属性名称	属性值	附加
名称	乳胶漆顶	
备注		☐
⊞ 显示样式		

图 2.123　天棚属性定义

	构件名称
1	纸面石膏板吊顶7
2	铝合金扣板吊顶
3	装饰板吊顶11

属性编辑框

属性名称	属性值	附加
名称	纸面石膏	
离地高度(	2700	☐
备注		☐
⊞ 显示样式		

图 2.124　吊顶属性定义

（6）房间的属性定义　新建房间大厅、楼梯间、卫生间、实训室走廊、地下储藏室，通过"添加依附构件"，建立房间中的装修构件。例如：楼地面构件名称下"地砖楼面10"可以切换成"防滑地砖楼面28"或是"地下室地面"，其他的依附构件也是同理进行操作。如图 2.125 所示。

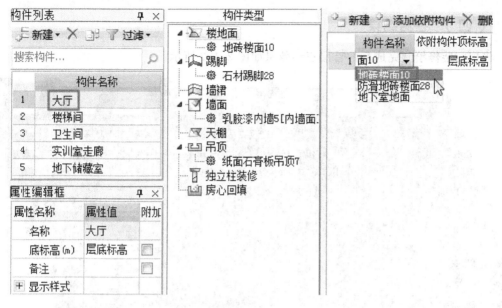

图 2.125　其他构件属性定义

3. 房间的绘制

房间在绘制时，通常采用点画的方式，按照建施-04 至建施-07 中房间的名称，选择软件中建立好的房间，在要布置装修的房间点一下房间中的装修即自动布置上去。绘制好的房间，用三维查看一下效果，如图 2.126 所示。不同的墙的材质内墙面图元的颜色不一样。

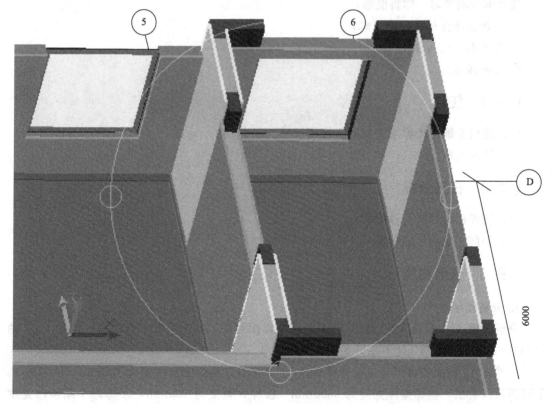

图 2.126　三维房间

（四） 任务结果

将房间装修绘制完成后的首层三维效果如图 2.127 所示。

图 2.127　首层三维效果

第九节　楼梯模型的建立

通过本节的学习，你将能够：

1. 分析整体楼梯包含的内容；

2. 定义参数化楼梯；

3. 绘制楼梯。

（一） 任务

（1）使用参数化楼梯来完成定义楼梯尺寸。

（2）绘制楼梯。

（二） 任务分析

（1）楼梯都由哪些构件组成？

（2）如何正确地绘制楼梯？

（三） 任务实施

1. 分析图纸

分析建施-11、建施-12、结施-18 及各层平面图可知，本工程有一部楼梯，位于 1～2 轴间和 5～6 轴间。楼梯从地下室开始到第三层。

从建施-11 剖面图可以看出，楼梯每段 11 个台阶，每个踏步高度为 150mm。从建施-12 平面图可以看出，楼梯整体宽度为 3300mm，楼梯井宽度为 100mm，楼梯每个踏步的宽度为 290mm。

2. 楼梯定义

楼梯可以按照水平投影面积布置，也可以绘制参数化楼梯，本工程按照参数化布置。本工程楼梯为直行双跑楼梯。在模块导航栏中点击"楼梯"→"楼梯"→"参数化楼梯"，如图 2.128 所示，选择"标准双跑 1"，点击"确定"进入"编辑图形参数"对话框，按照建施-11、建施-12、结施-18 中的数据更改绿色的字体，编辑完参数后点击"保存退出"。如图 2.129 所示。

3. 楼梯画法讲解

（1）首层楼梯绘制。楼梯可以用点绘制，点画绘制的时候需要注意楼梯的位置。绘制的楼梯图元如图 2.130 所示。

（2）利用层间复制功能复制楼梯到其他层，完成各层楼梯的绘制。

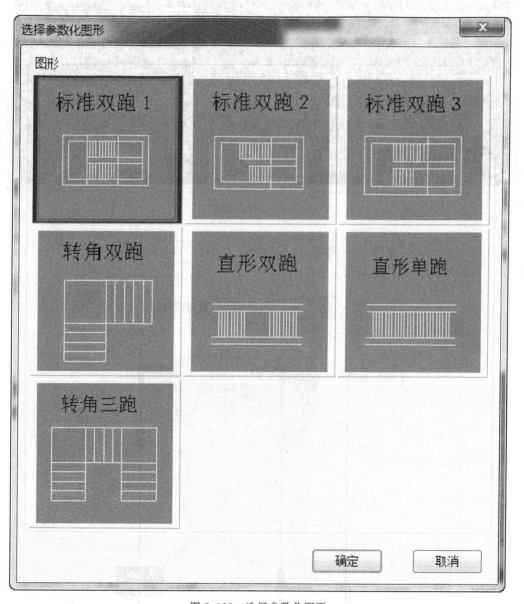

图 2.128　选择参数化图形

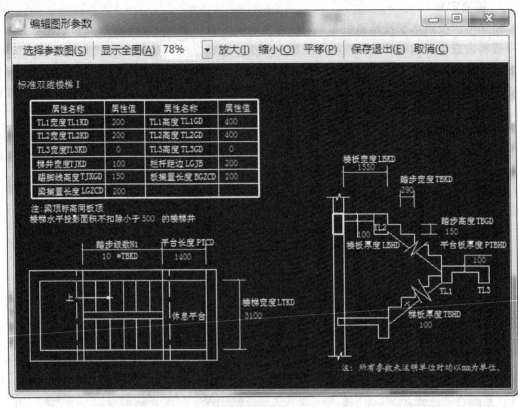

图 2.129 保存退出

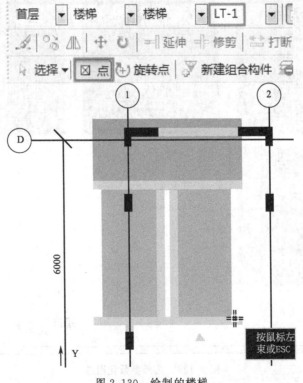

图 2.130 绘制的楼梯

（四）　任务结果

绘制完成的首层楼梯如图 2.131 所示。

将楼梯复制到其他层，最后得到的楼梯和各层楼板的三维显示图形所图 2.132 所示。

最后，将绘制完成后的各层模型通过三维显示展示出来，如图 2.133 和图 2.134 所示。

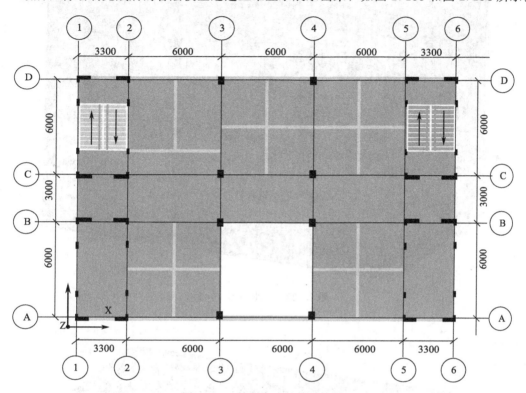

图 2.131　绘制完成的首层楼梯

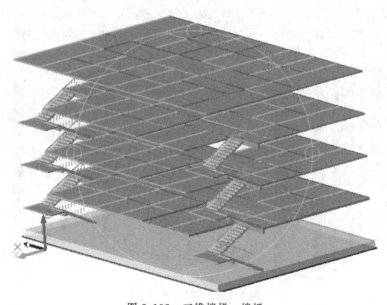

图 2.132　三维楼梯、楼板

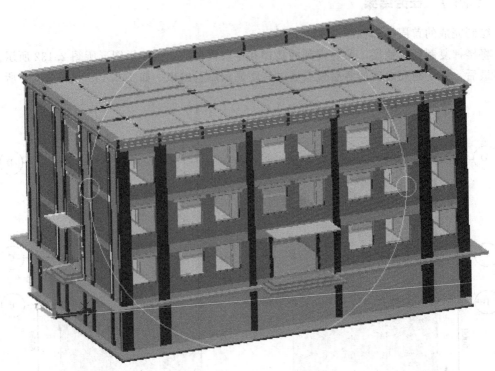

图 2.133　三维模型（一）

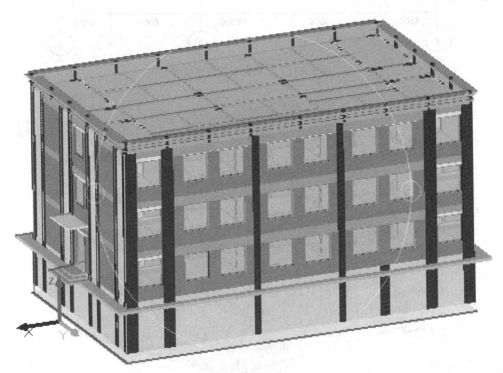

图 2.134　三维模型（二）

第三章

广联达BIM浏览器介绍

一、简介

广联达 BIM 浏览器（BIMV）是专为 BIM 应用人员开发的一款免费、易学易用、大众化的 BIM 浏览工具。它可以满足 BIM 应用各参与方（建设、咨询、设计和施工等）关于 BIM 信息浏览和沟通的需求，实现 BIM 应用"零门槛"，实现普通硬件配置、无需安装设计软件、无需专门培训学习。面向如下客户：

（1）BIM 项目中的非 BIM 专业人员，包括甲方、监理、分包、管理者等。

（2）BIM 专业人员，包括 BIM 经理、BIM 工程师、BIM 协调员等。

二、产品特点

（1）免费正版，基于自主图形平台开发，持续迭代优化；

（2）上手快捷、支持多平台（PC、苹果、安卓），实现随时随地浏览；

（3）自动实现模型合并，一键实现多专业集成浏览；

（4）模型信息范围可控，保护核心资产，如族库等（所有模型导出固定格式 Igms 或 IFC 后进行共享）；

（5）支持常用建模软件格式、无缝集成广联达所有 BIM 产品；

（6）具备云存储、共享和协作功能。

三、下载地址

（1）BIM 浏览器 QQ 群：276774394；

（2）论坛：http：//gfsq. fwxgx. com/bbstopic. aspx？Tid＝2779；

（3）下载地址（64 位）：http：//www. fwxgx. com/zzfw/self ＿ service/show/5405. html；

（4）下载地址（32 位）：http：//www. fwxgx. com/zzfw/self ＿ service/show/5409. html；

（5）Revit 导出 igms 插件下载地址：http：//www. fwxgx. com/zzfw/self ＿ service/show/6583. html。

四、版本导入格式说明

版本支持两种格式的导入——igms 和 ifc，两种格式的来源具体如下。

1. igms 格式文件的来源

（1）从广联达 GGJ、GCL、GQI 导出 igms 文件；

（2）从广联达 BIM5D 导出 igms 文件如图 3.1 所示；

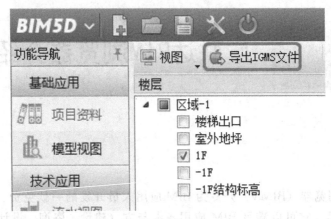

图 3.1　导出文件

（3）从 revit（建筑、结构）导出 gfc 文件，gfc 文件导入广联达 GCL 后，汇总计算，导出 igms 文件；

（4）从 revit（建筑、结构、MEP）直接导出 igms 文件。

此种方式需要先安装 revit 导出 igms 插件，安装后打开 revit 在附加模块点击导出 igms 文件即可，如图 3.2 所示。目前此插件支持 2014 和 2015 版本。

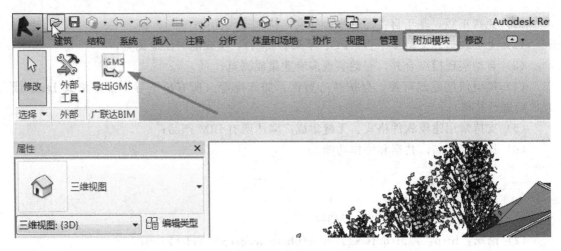

图 3.2　igms 文件

温馨提示：（2）和（3）两种方式的区别在于，前者得到的 igms 模型是有工程量的，后者没有工程量。

2. ifc 格式文件的来源

（1）magicad 导出 ifc；

（2）tekla 导出 ifc；

（3）revitMEP 导出 ifc；

五、软件使用说明

（1）打开软件点击新建按钮，新建项目，进入浏览界面，如图 3.3 所示。

图 3.3　打开软件

（2）在浏览界面首先导入要浏览的模型（格式和来源请参照版本导入格式说明），如图 3.4 所示。

图 3.4　导入模型

(3) 在模型树页签选择要显示的楼层、专业、或者构件类型

① 层次视图　文件——区域——楼层——专业——构件类型——图元，如图 3.5 所示。

② 构件视图　文件——专业——构件类型——构件——图元，如图 3.6 所示。

图 3.5　层次视图　　　　　　　　图 3.6　构件视图

(4) 颜色设置功能

① 在层次视图，楼层、专业、构件类型、图元上均可以修改模型的颜色和纹理，恢复模型颜色或者纹理，则只能在构件类型或者图元上实现，如图 3.7、图 3.8 所示。

② 在构件视图，专业、构件类型、构件、图元上均可以修改模型的颜色和纹理，恢复模型颜色或者纹理，则只能在构件类型、构件、图元上实现，如图 3.9、图 3.10 所示。

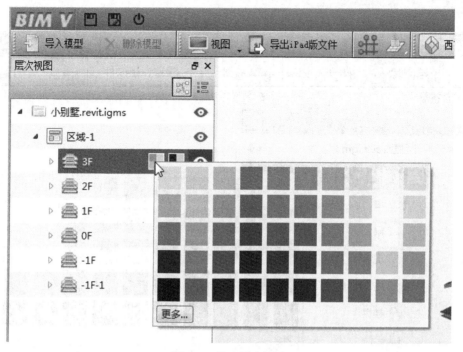

图 3.7 修改层次视图

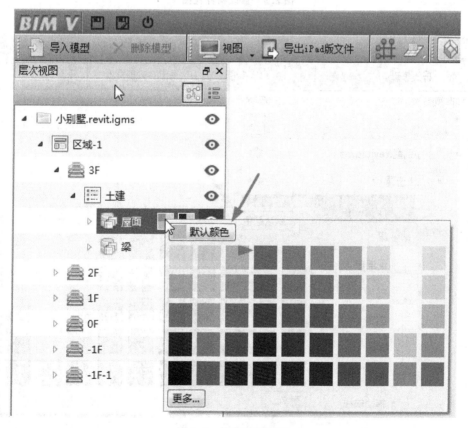

图 3.8 恢复层次视图

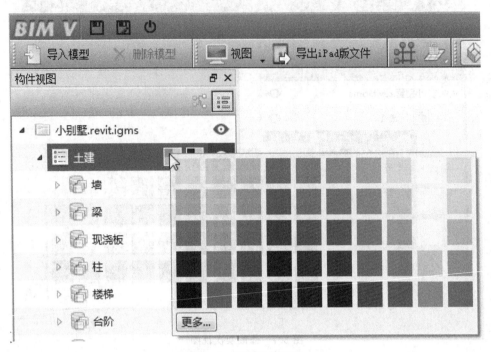

图 3.9　修改构件视图

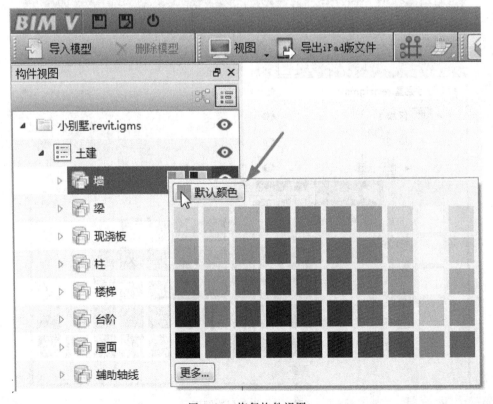

图 3.10　恢复构件视图

（5）模型可设置选择性透明　　在实体状态下，通过选择进入颜色设置功能，可以通过设置 Alpha 通道，设置模型的透明度，如图 3.11、图 3.12 所示。

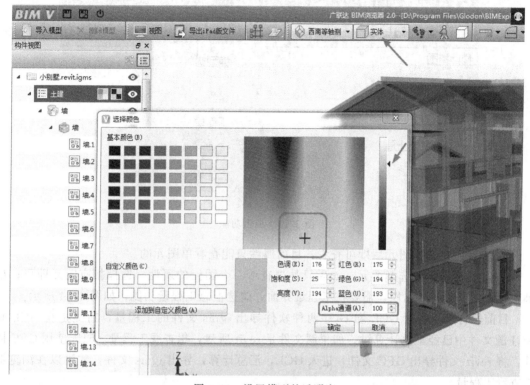

图 3.11　设置模型的透明度

图 3.12　效果图

（6）视图下拉可显示属性、工程量、视点及图元附件功能，如图3.13所示。

图 3.13　视图功能

① 属性　在选择图元后即可查看，目前属性只能查看单图元的。

② 工程量　需要选择图元，如果只是想查看一个图元的属性，选择相应图元即可；如果想查看多个图元的属性，需要在工程量界面，勾选汇总工程量功能，如图3.14所示。

目前软件可以查看 GCL 和 GGJ 两种软件导出 igms 文件的工程量，前提是在 GCL 和 GGJ 源文件中已经汇总计算过。如果源文件是 revit 所建，想查看工程量，只能使用 GFC 插件，将 revit 文件导出 GFC 文件，进入 GCL，汇总计算，导出 igms 文件，才可以在浏览器中查看工程量。

③ 视点　在调整模型到需要角度后，可以保存视点，在视点上还可以添加备注信息及标注，还可以将视点保存为图片。

④ 图元附件　选择任意图元，可以添加附件，附件为任意格式，添加后保存，下次打开仍可在附件栏查看。

（7）导出 ipad 文件　将 PC 版浏览器中的模型导出为 igms 格式，在 ipad 版浏览器中浏览；ipad 版浏览器可在苹果 APP 中搜索 BIMExplorer，免费安装即可，如图3.15所示。

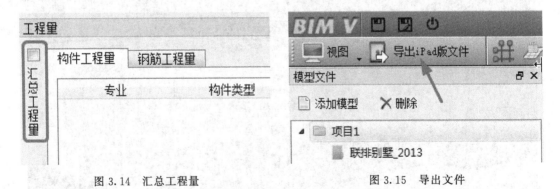

图 3.14　汇总工程量　　　　　　　　　图 3.15　导出文件

（8）漫游功能如图3.16所示。

首先，要用 ctrl＋左键定位人物位置，然后上下左右键控制人物的漫游方向。

勾选三种属性说明：勾选任务模型，漫游过程中就会出现一个小人；勾选碰撞后，漫游

图 3.16　漫游功能

就不会穿墙了；勾选重力后，漫游过程中，人物会根据实际重力上下运动；需要特别解释的是，在勾选重力时，碰撞会被自动勾选，这因为碰撞本身就是判断重力（上下碰撞）的依据。速度设置，则是来控制漫游过程人物的运动速度的。

（9）测量功能如图 3.17 所示。

（10）切面及剖面功能如图 3.18 所示。

（11）浏览辅助功能如图 3.19 所示。

在平移和选择状态下，左键可以单选图元，ctrl＋左键可以多选和框选图元，选择图元后，在模型以为的空白区域点击，可以取消选中状态；全图和全屏功能，全图位在当前界面显示全部模型，全屏则为模型显示区域占满显示器整个屏幕。

图 3.17　测量功能

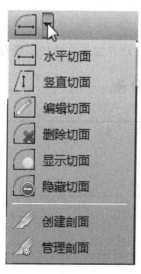

图 3.18　切面及剖面功能

图 3.19　浏览辅助功能

附 录

附录一 课程教学大纲

（适用于课程作为分散教学）

学　　时：36 学时　　　　　考核方式：上机实操

适用专业：工程类各专业

一、教学目的

本课程是工程类各专业的一门专业基础课程。通过一个典型、完整的实际工程为项目，从识图和建模两个模块展开，以任务为导向，并将完成任务的过程"任务—任务分析—任务实施—任务结果—知识链接"作为本书的主线，借助 BIM 建模教学软件工具软件，让学生和教师在完成识图任务、三维建模的过程中学习建筑构造，从而提高学生建筑构造识图能力，全面提升专业基础技能。

二、教学重点

本课程的教学重点要求在指导教师的引导下，学生通过完成一个工程项目的识图和三维建模任务，从而完成二维建筑构造图纸的识读，并通过 GMT 教学工具软件完成三维建筑模型的构建。

三、教学难点

以学生为中心，以任务导向，培养建筑构造的识图能力。

四、教学内容及学时分配

序　号	内　容	建 议 学 时	备　注
第一章	分析建筑图纸构成； 识读建筑工程概况； 识读轴网信息	3	
	识读剪力墙、柱信息	3	
	识读梁的信息； 识读板的信息	3	
	识读填充墙信息； 识读门窗信息； 识读过梁、圈梁、构造柱信息； 识读基础信息	3	
	识读楼梯信息； 识读台阶、散水信息； 识读女儿墙、屋面的信息	3	

序　号	内　容	建议学时	备　注
第二章	准备工作； 首层模型建立	9	
	二层模型建立； 三层模型建立	3	
	屋面层模型建立； 地下层模型建立； 基础屋模型建立	3	
	房间装修模型建立	3	
	楼梯模型建立	3	

五、教学方法和手段

（1）课程开发与设计是基于工作过程的行动导向教学模式、采取理论实践一体化教学方式，以学生完成任务过程中构建识图与建模能力的。

（2）分小组教学，每一次课都按任务—任务分析—任务实施—任务结果 PK—总结拓展五个教学基本环节开展教学。

（3）任务完成时间采用小组竞赛的方式，既能让学生积极参与，又能节约时间，还有效果。

六、考核方式

内　容	成绩比例	成绩项目	考核内容
建筑构造与 建模成绩构成	15％	上课出勤	出勤次数，不低于 10 次，少一次扣 2 分，扣到 15 分者，不能参加期末测试
	45％	课上任务	15 次任务，每次满分 3 分，最为完整 3 分，其次 2 分，只要做了无论对错至少得 1 分
	40％	期末测试	上机建模实操

附录二 BIM 技术在建筑全寿命周期中的应用

一、BIM 技术概述

BIM 技术（building information modeling）是利用数字模型对建筑进行规划、设计、建造和运营的全过程。相比较，美国国家 BIM 标准的定义更为完整："BIM 是一个设施（建设项目）物理和功能特性的数字表达；BIM 是一个共享的知识资源，是一个分享有关这个设施的信息，为该设施从概念到拆除的全寿命周期中的所有决策提供可靠依据的过程；在项目的不同阶段，不同利益相关方通过在 BIM 插入、提取、更新和修改信息，支持和反映其各自职责的协同作业。"关于 BIM 技术的形象表达全景图，如图 1 所示。

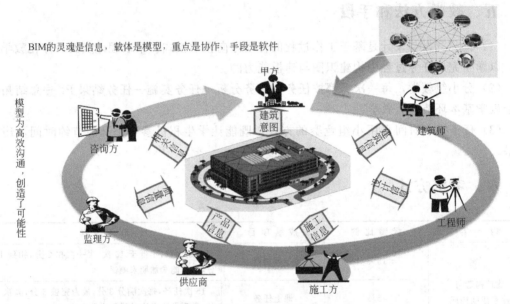

图 1 BIM 全景图

采用 BIM 技术可使整个工程项目在设计、施工和运营维护等阶段都能够有效地实现建立资源计划、控制资金风险、节省能源、节约成本、降低污染和提高效率，从真正意义上实现工程项目的全寿命周期管理。在建筑工程领域，如果将 CAD 技术的应用视为建筑工程设计的第一次变革，建筑信息模型的出现将引发整个 A/E/C（architecture/engineering/construction）领域的第二次革命。

BIM 研究的目的是从根本上解决项目规划、设计、施工、维护管理各阶段及应用系统之间的信息断层，实现全过程的工程信息管理乃至建筑生命期管理（BLM，building lifecycle management），如图 2 所示。

在美国、日本、新加坡和欧洲等国家已制定了相关的国家 BIM 技术标准，BIM 技术普及率达到 60%～70%。在国内，已经将 BIM 技术应用于建筑设计阶段、施工过程及后期运营管理阶段，主要进行协同设计、效果图及动画展示和加强设计图的可施工性，以及三维碰撞检查、工程算量、虚拟施工、4D 施工模拟、5D 施工管理等。BIM 各项应用价值详见图 3。

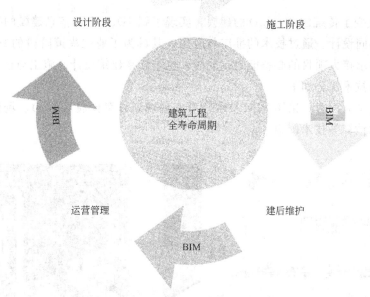

图 2　基于 BIM 技术的全寿命周期管理

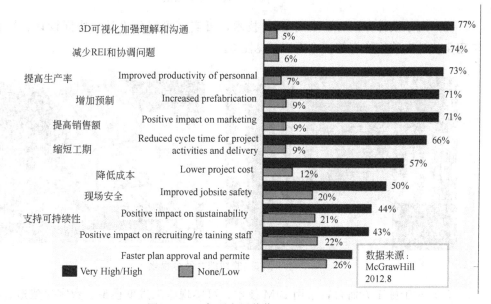

图 3　BIM 各项应用价值

"十一五"期间，BIM 已经进入国家科技支撑计划重点项目。在住房和城乡建设部发布的《2011～2015 年建筑业信息化发展纲要》中明确提出："十二五期间要加快建筑信息模型（BIM）、基于网络的协同工作等新技术在工程中的应用。"推动和发展 BIM，是各建设行业的必须要做的重要事情。2012 年，由中国建筑科学研究院等单位共同发起成立的中国 BIM

发展联盟标志中国 BIM 标准正式启动，中国 BIM 标准的建设将给建筑行业带来全新的改变和巨大的冲击，标准的实施必将引发一次脱胎换骨的技术性革命。

二、BIM 技术优势

BIM 技术改变了传统的 2D、3D 的建模，实现了到 4D、5D 的信息建模的技术革命，从而真正实现了协同设计。通过技术的推广与应用，其成为了业主决策阶段的有效辅助工具；设计和施工单位承接大项目的必备能力；同时，也是未来建筑设计、施工与运营管理的必然发展趋势。具体技术优势如下。

（1）对于业主方而言，采用 BIM 技术，可实现规划方案预演（图 4）、场地分析、建筑性能预测和成本估算等技术内容。

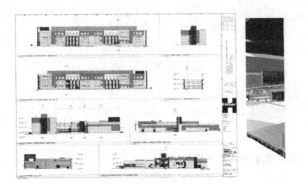

图 4　规划方案预演

（2）对于设计方而言，采用 BIM 技术，可实现可视化设计、协同设计、性能化设计、工程量统计和管线综合等技术内容，见图 5。

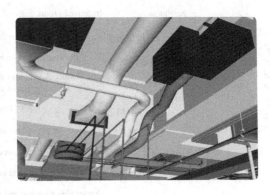

图 5　管线综合及可视化

（3）对于施工方而言，采用 BIM 技术，可实现施工进度模拟、数字化建造、物料跟踪、成本管理、可视化管理和施工配合等技术内容，见图 6。

三、BIM 技术在建筑全生命周期中的应用

BIM 技术在建筑全生命周期中，从设计、施工、运维都有成功的应用。

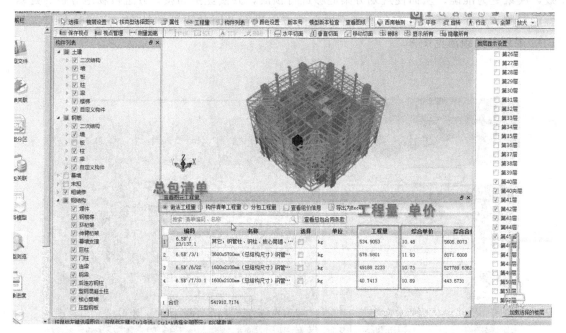

图 6　广州东塔项目施工进度模拟和成本管理

1. BIM 技术在规划与设计中的应用研究

BIM 技术首先在建筑设计领域得到了应用，不只是充当画图的工具，而是已成为一种设计理念，可为设计师想象力的发挥提供极大的空间。在设计中，BIM 技术主要包含规划方案预演、效果图、协同设计及可施工性的加强等。同时，可输出三维图、任意剖面图、二维施工图，见图 7。

（1）规划方案预演及效果图设计

BIM 系列软件具有强大的建模、渲染和动画技术，通过 BIM 可以将专业、抽象的二维建筑描述通俗化、三维直观化，使得业主等非专业人员对项目功能性的判断更为明确、高

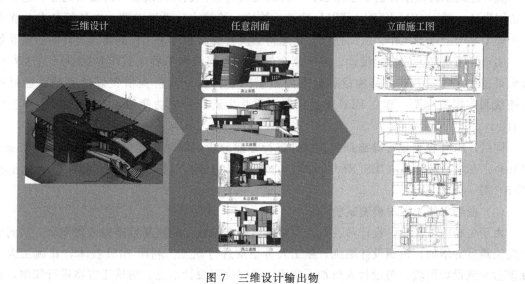

图 7　三维设计输出物

效，决策更为准确，从而使规划方案能够进行预演，方便业主和设计方进行场地分析、建筑性能预测和成本估算，对不合理或不健全的方案进行及时的更新和补充，广联达信息大厦BIM规划方案预演见图8。

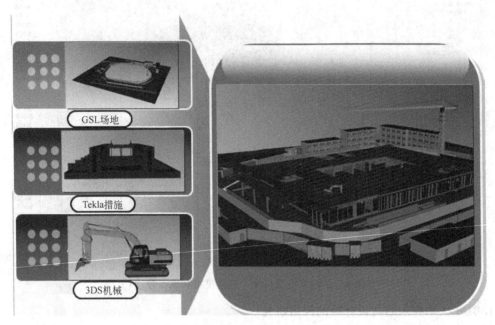

图8　广联达信息大厦BIM规划方案预演

基于已有BIM模型，可以在设计意图或者使用功能发生改变时，在很短时间内进行修改，从而能够及时更新效果图和动画演示。效果图制作功能是BIM技术的一个附加功能，其成本较专门的效果图制作，成本会大大降低，从而使得企业在较少的投入下获得更多的回报。

（2）协同设计及结构设计

随着建筑工程复杂性的不断增加，学科的交叉与合作成为建筑设计的发展趋势，这就需要协同设计。基于BIM技术，可以使建筑、结构、给排水、暖通空调、电气等各专业在同一个模型基础上进行工作。从而使设计信息得到及时更新和传递，提高建筑设计的质量和效率，实现真正意义上的协同设计。对于复杂的预应力钢结构工程，其结构的设计是否安全合理是重中之重，真实的结构信息也能为相应的结构设计分析提供良好的基础。通过技术路线和建模流程图，建立BIM结构模型。图9为近几年成功使用BIM技术的大型工程项目。

同时，BIM模型也可导出到相关软件进行专业分析，如建筑耗能分析（DOE-2/EnergyPlus）、自然采光分析（IES/Radiance）、CFD模拟和分析（STAR-CD）和照明优化工具（IES）等，见图10。

（3）图纸可施工性与模型试验

由于欠缺施工经验，设计师在设计中对于结构实施施工的难易性难以考虑周全，从而导致施工难度的增加，按照设计图纸，施工人员很难进行施工。利用BIM技术，让施工人员提前参与到设计阶段，与设计人员加强交流，及时交互设计信息，对施工方案进行预演，从

广州东塔

北京中国樽

上海中心

天津117

图 9　BIM 技术在大型工程项目应用

室内外风环境分析

采光照明分析

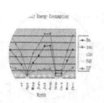

建筑能耗分析

停车场分析

人流疏散分析

电梯垂直运输分析

图 10　BIM 相关专业分析

而降低施工难度，使得图纸的可施工性大大加强，这也改变了传统的设计模式。基于 BIM 信息模型，所以与项目建设相关尤其是施工方在施工前对施工可行性进行分析，减少施工后大量的设计变更和返工。

2. BIM 技术在施工中的应用研究

据统计，全球建筑行业普遍存在生产效率低下的问题，其中 30％的施工过程需要返工，60％的劳动力被浪费，10％的损失来自材料的浪费。BIM 应用系统创建的虚拟建筑模型，可以将模型同时间、成本结合起来，从而对建设项目进行直观的施工管理，主要包含施工深化设计、施工动态模拟和三维碰撞检查等技术。

（1）施工深化设计

通常设计院出的图纸达不到直接施工的深度，或者是节点选用不符合施工单位的习惯、工艺，通常需要施工单位二次深化设计。传统的二次深化设计需要单独用专业软件，且需要根据已有图纸进行再次绘图，造成深化设计成本的增加和时间的延长。采用 BIM 技术，可以克服上述缺点。因此，在广联达信息大厦和广州东塔的结构深化设计采用了相关 BIM 技术，进行了复杂节点及工装设计在建立三维深化设计模型后，平立剖模型能够自动生成，可三维动态展示，方便了加工制造，从而降低了深化设计成本。

（2）施工可视化动态模拟和管理

图 11 是广州东塔虚拟建筑模型。采用 BIM 技术建立虚拟建筑模型，从不同的角度观察虚拟模型，对建筑物的外观、环境功能、施工等方面进行交互的建模与分析；然后，进行施工方法试验、施工过程模拟及施工方案优化，对比分析不同施工方案的可行性，实现施工可视化动态模拟。将施工现场 3D 模型与施工进度相结合，并与施工资源与场地布置信息集成一体，引入时间维度，可以实现基于 BIM 技术的 4D 施工模拟，动态展示施工界面和顺序；施工模拟与施工组织相结合，使设备材料进场、劳动力配置、机械排班等各项工作安排的成本更加经济合理，5D 施工模拟。4D 形象施工模拟见图 12，广联达 BIM5D 施工模拟见图 13。

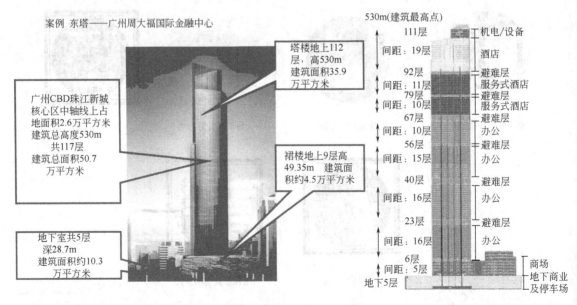

图 11　广州东塔虚拟建筑模型

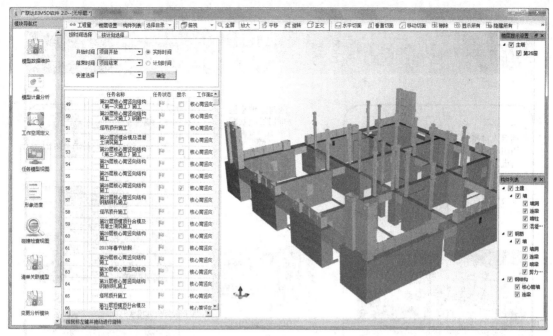

图 12　4D 形象施工模拟

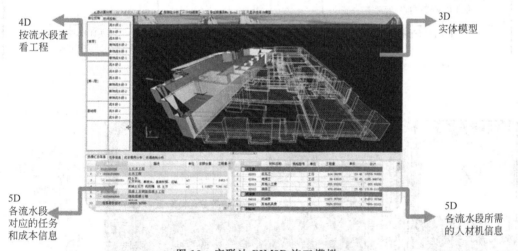

图 13　广联达 BIM5D 施工模拟

基于 BIM 技术的工程项目管理，精益建造这种管理理念因有了 BIM 技术而开始发展壮大，建筑业在项目管理上也发生巨大变化。基于 BIM 技术项目管理让管理变得更准确、更高效、更快捷，综合成本更低。BIM 技术的精细化项目管理图见图 14。

（3）方案比选与预演

预应力钢结构的关键构件及部位的安装相对比较复杂，合理的安装方案很重要，正确的安装方法能够省时省费，传统方法是在工程实施时才能得到验证，这就造成了二次返工等问题。同时，传统方法是施工人员在完全领会设计意图之后，再传达给建筑工人，相对专业性的术语及步骤对于工人来说难以完全领会。

基于 BIM 技术，能够提前对重要部位的安装进行动态展示，提供施工方案讨论和技术交流的虚拟现实信息，见图 15。

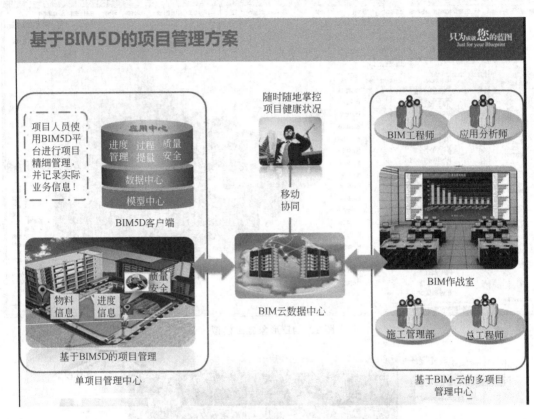

图 14　BIM 技术的精细化项目管理图

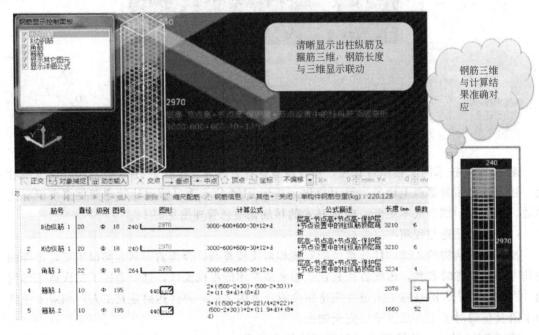

图 15　关键部位施工信息提示图

同时，也能对关键部位进行施工方案预演和比选，实现三维指导施工，从而更加直观化地传递施工意图，见图 16。

（4）碰撞检查与施工布置优化

传统的二维图纸设计中，碰撞检查需要在各专业设计图纸汇总后才能实施。这将耗费大量时间，影响工程进度。采用 BIM 技术，可以在建造前就对建筑的管线等进行碰撞检查，优化净空和管线排布方案，消除硬碰撞并尽可能避免软碰撞，减少错误损失和返工，见图 17 和图 18。同时，基于建立的 BIM 三维模型，可以对施工场地进行优化布置，合理安排塔吊、库房、加工厂地和生活区等的位置，优化施工路线，见图 19。

3. BIM 技术在运营维护中的应用

建筑物的运营维护通常包括监控、通信、通风、照明和电梯等系统，上述设备和管线如果发生故障都有可能影响建筑的正常营业，甚至引发安全事故。运用 BIM 技术，可以对这些隐患进行及时处理，从而减少不必要的损失，能对突发事件进行快速应变和处理，快速准确地掌握建筑物的运营情况。

图 16　节点安装方案比选

BIM最典型的应用

在施工前快速、准确、全面的检查出设计图纸中的错、漏、碰、缺问题，减少施工中的返工。

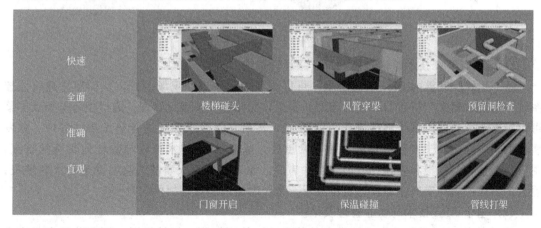

图 17　BIM 技术的典型应用

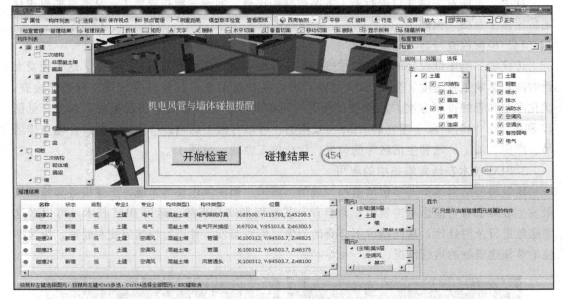

图18 广联达信息大厦结构与管线碰撞检查

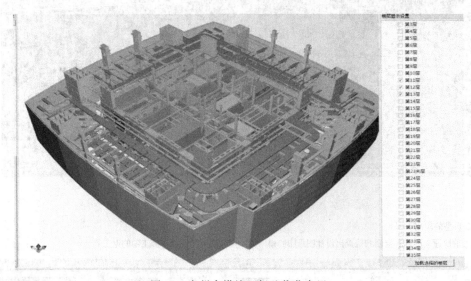

图19 广州东塔施工场地优化布置

（1）基于 BIM 技术的建筑监控及应急管理系统

基于建筑物完整的 BIM 信息模型，可以关联摄像头进行现场监控，从而建立建筑监控系统，通过数据来分析目前存在的问题和隐患，优化和完善现行管理。通过配备监控大屏幕可以对整个视频监控系统进行操作，见图 20，从而与其他子系统进行突发事件管理。突发事件的响应能力对于人流密集的区域非常重要，基于 BIM 技术可以消除任何管理的盲区，主要包括预防、警报和处理。以消防事件为例，如果发生着火事故，会自动进行火警警报；着火的三维位置和房间立即进行定位显示，为及时疏散和处理提供信息。

（2）基于 BIM 技术的物业管理及维护

通过点击 BIM 模型可以查阅设备的信息，如使用期限、维护情况、所在位置和供应商情况等，能够对寿命即将到期的设备进行预警，提醒运营商及时进行更换；也可以准确定位

图 20 视频监控系统

虚拟建筑中相应的设备，并对设备是否正确运行提供信息。通过基于 BIM 的物业管理系统可以管理复杂的地下管线并直接查看相互位置关系，从而为管网维修、设备更换带来很大的方便。

BIM 系统可以对能源消耗情况进行自动统计分析，比如各区域的每日或每月的用电量等，并对异常能源使用情况进行警告或者标识。通过 BIM 模型的管理可以使得空间设施可视化，例如：二次装修的时候，哪里有管线，哪里是承重墙不能拆除，这些在 BIM 模型中一目了然，也可在 BIM 模型中就可以看到不同区域属于哪些租户，以及这些租户的详细信息息，见图 21。

故障检查分析
直接导入运维信息与模型匹配；三维模型直观显示设备通路，快速查询分析故障和开关设置，以及停用设备所影响的房间范围

图 21 基于 BIM 技术的物业管理及维护

四、BIM 应用软件

了解对 BIM 技术在我国的发展、应用情况及的具体实施内容,BIM 技术的相关主要工具是什么?BIM 应用软件是指基于 BIM 技术的应用软件,也就是支持 BIM 技术应用的软件。一般来讲,它具有 4 个关键特征:面向对象、基于三维几何模型、包含其他信息和支持开放式标准。

恰克伊士曼(ChucK Eastman)将应用软件按其功能分三大类,分别是 BIM 平台软件、工具软件、环境软件。我国一般分别称为 BIM 基础软件、工具软件和平台软件。

BIM 基础软件是指可用于建立能为多个 BIM 应用软件所使用的 BIM 数据软件。主要指完成设计表达的软件,如基于 BIM 技术的建筑设计软件 Revit 和 ArchiCAD,设备设计的 MagiCAD、Revit MEP 和 Archi MEP 等。

BIM 工具软件是利用 BIM 基础软件提供的数据,开展各种工作的应用软件。如利用已有的建筑设计数据模型进行能耗分析、日照分析、生成二维图纸、成本预算(广联达计量与计价)。有一些基础软件(如 Revit),也能做一些分析功能,所以它是基础软件,也是工具软件。

BIM 平台软件是指对各类 BIM 基础软件及工具软件产生的数据进行有效管理,以便支持建筑全寿命期数据的共享应用的应用软件。该软件一般为基于 Web 应用软件,能够支持工程项目的多参与方及多专业的工作人员之间通过网络高效地共享信息。如美国 Autodesk2012 年推出 BIM360,匈牙利的 Delta Server,中国广联达的 BIM5D 等,提供了此类功能。

图 22 将常见的 BIM 相关软件之间的关系进行汇总。

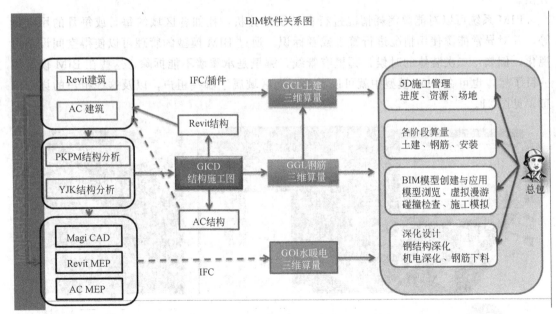

图 22　BIM 相关软件之间的关系

附录三　建筑工程项目三套案例使用说明

一、使用说明

经过本教程及《BIM 实训中心建筑施工图》的学习，同学们已经对模型的建立有了基本了解，并掌握了基础的建模技能，为了能够加强识图能力，我们后续可以对下列三套图纸完成从简单到复杂的工程案例学习和技能练习，以巩固并加强识图能力。

二、第一套《广联达 BIM 算量大赛实训图集》中的"厂区主车间附房工程图"

此项目是工业生产车间的框架结构二层配套办公楼，建筑面积 604.2m²，主体高 6m，"一"字形布局，化学工业出版社于 2015 年 5 月出版。

（1）适用情况：可作为建筑识图和 GMT 建模的初级教学使用和实训使用，主要培养基本识图技能和建模操作技能。适用于一年级初学识图的学生。

（2）学时：教学 18 学时，学生实训三天（含识图与建模）。

（3）教学难点：此项目工程做法采用安徽省做法，可以根据教学所在地区更新相对应的工程做法，整体难度与《BIM 实训中心建筑施工图》工程难度相当，增加了室外构件部分。

三、第二套《英才公寓工程图》

此项目是异形柱-剪力墙结构六层住宅楼，建筑面积 4940.2m²，主体高 18.6m，"一"字形布局，由重庆大学出版社于 2015 年出版。适用于一年级初学识图的学生，或者是已经有一定基础的二、三年级学生。

（1）适用情况：可作为建筑识图和 GMT 建模的教学使用和实训，进一步培养识图技能和建模操作技能，难度增加，增加异形剪力墙柱。

（2）学时：教学 24 学时，学生实训一周（含识图与建模）。

（3）教学难点：此项目工程做法采用华北地区做法，可以根据教学所在地区更新相对应的工程做法，整体难度中等，难度集中在剪力墙柱部分、住宅楼功能构件及相关工程做法。

四、第三套《办公大厦建筑工程图》

此项目是框架剪力墙结构办公楼，建筑面积 4745.6m²，主体高 19.6m，"一"字形布局，已由重庆大学出版社于 2013 年出版。

（1）适用情况：可作为建筑识图和 GMT 建模的教学使用和实训，进一步培养识图技能和建模操作技能，难度在《英才公寓工程图》的基础上有所增加，主要增加地下室、各种端柱、各种梁及斜板。适用于已经做过《BIM 实训中心建筑施工图》和《英才公寓工程图》的教学和实训，或者是已经有一定基础的二、三年级学生。

（2）学时：教学 24 学时，学生实训一周（含识图与建模）。

（3）教学难点：此项目工程做法采用华北地区做法，可以根据教学所在地区更新相对应的工程做法，整体难度稍大，增加了剪力墙柱、住宅楼功能构件及相关工程做法。

五、教学方法和手段

（1）课程开发与设计是基于工作过程的行动导向教学模式，采取理论实践一体化的教学方式，以学生完成任务过程中的构建识图与建模能力为目的。

（2）分小组教学，每一次课都按任务说明—任务分析—任务实施—任务结果 PK—总结拓展五个教学基本环节开展教学。

（3）任务完成时间采用小组竞赛的方式，既能让学生积极参与，又能节约时间，还是有效果。

参考文献

[1] 张建平，胡振中，王勇．基于 4D 信息模型的施工冲突分析与管理 [J]．施工技术，2009，38(8)：115-119.

[2] 刘晴，王建平．基于 BIM 技术的建设工程生命周期管理研究 [J]．土木建筑工程信息技术，2010，02(3)：41-45.

[3] 刘占省，李占仓，徐瑞龙．BIM 技术在大型公用建筑结构施工及管理中的应用 [C]．第四届全国钢结构工程技术交流会论文集，2012.

[4] 刘照球，李云贵，吕西林等．基于 BIM 建筑结构设计模型集成框架应用开发 [J]．同济大学学报（自然科学版），2010，38(7)：948-953.

[5] 张建平，余芳强，李丁．面向建筑全生命期的集成 BIM 建模技术研究 [J]．土木建筑工程信息技术，2012，4(1)：6-14.

参考文献